MENTOR LERN

Band 631

Mathematik

9./10. Klasse

Algebra 2

Potenzfunktionen, Exponential- und Logarithmusgleichungen, Stochastik

Mit Musteraufgaben und Zeichnungsvorlagen sowie ausführlichem Lösungsteil zum Heraustrennen

Mit Lerntipps!

Rolf Baumann

Mentor Verlag München

Über den Autor:

Rolf Baumann, Dozent und Lehrgangsleiter für Mathematik und Physik an der Volkshochschule

Lerntipps:

Alexander Geist, staatlicher Schulpsychologe an einem Gymnasium

Redaktion: Dr. Hans-Peter Waschi

Mathematische Abbildungen: Dr. Hans-Peter Waschi, Holzkirchen

Illustrationen: Pieter Kunstreich, Hamburg

Layout: Barbara Slowik, München

Titelgestaltung: Iris Steiner, München

Umwelthinweis: Gedruckt auf chlorfrei gebleichtem Papier.

Auflage:	5.	4.	3.	2.	1.	letzte Zahlen
Jahr:	2003	2002	2001	2000	99	maßgeblich

Satz/Repro: Fotosatz-Service Köhler GmbH, Würzburg
Druck: Druckhaus „Thomas Müntzer", Bad Langensalza
Printed in Germany • ISBN 3-580-63631-6

Inhalt

Benutzerhinweise

Die Rechtschreibung in diesem Band entspricht den Regelungen der Reform.

In der Randspalte findest du einige Zeichnungen immer wieder:

Definition

Merke

Regel

Tipp

Erstelle dir rechtzeitig mindestens 5 Kopien der Figur 4 aus den Zeichnungsvorlagen. Dieses leere Koordinatensystem mit kariertem Hintergrund wirst du nämlich sehr häufig gut gebrauchen können!

Vorwort

Hallo, liebe Schülerin, lieber Schüler,

zu Beginn einige Tipps, wie du mit diesem Buch am besten zurechtkommst:

Dieses Buch soll nicht dein Schulbuch oder den Unterricht ersetzen. Es ist vielmehr als Hilfe gedacht, wenn du deine Wissenslücken auffüllen willst. Vorsichtshalber setze ich dein Interesse an der Mathematik als gering voraus und stelle mich darauf ein, dass die Antriebskraft fürs Weiterlernen und -lesen schlechte Noten sind. Um zu verhindern, dass du über dem Buch vor Langeweile einschläfst, habe ich mir folgende Gedanken gemacht:

- Lernen (von Dingen, die mich nicht interessiert haben) hat bei mir nur dann funktioniert, wenn ich den Stoff „in die Hand nehmen" konnte, wenn ich selber damit etwas tun konnte.
- Deshalb tauchen in diesem Buch ständig .... Lücken auf, in die du die fehlenden Worte oder Zahlen einsetzen sollst.
- Daneben triffst du häufig auf Gegensatzpaare (zum Beispiel *größer/kleiner*), die schräg (*kursiv*) gedruckt sind. Du sollst dich entscheiden und eines der Wörter durchstreichen!
- Oft sind Figuren zu ergänzen oder die aufgestellten Wertetabellen in vorbereitete Koordinatensysteme zu übertragen.

Damit dir das Zeichnen leichter fällt, findest du zu einigen Aufgaben in einem getrennten „Zeichnungsteil" Vorlagen, die du heraustrennen und dann bearbeiten kannst.

Entscheide, zeichne und rechne *immer* zuerst selbst, bevor du im Lösungsteil nachschaust. Ergänze, streiche und zeichne mit Bleistift – dann kannst du korrigieren!
Trage deine Ergebnisse aber immer in das Buch ein, damit du mit dem Lösungsteil vergleichen kannst. Außerdem wirst du manchmal auf frühere Ergebnisse verwiesen, die du nachsehen und übernehmen sollst.

Du lernst viel durch eine selbstständige Korrektur! –
Du lernst wenig, wenn du nur den Lösungsteil in dieses Buch überträgst!

Das letzte Kapitel dieses Bandes behandelt wieder Probleme der *Stochastik* – vergleiche hierzu auch ML 621. Insgesamt unterscheidet sich die Stochastik sehr stark von der Art Mathematik, die du bisher kennen gelernt hast. Ähnlich wie bei Textaufgaben musst du dich bei Stochastikaufgaben jeweils neu in das Problem hineindenken, um eine Lösungsstrategie zu entwickeln. Es gibt keinen „Königsweg", den man immer gehen kann, und häufig gibt es verschiedene Lösungswege. Trotzdem hoffe ich, dass es mir gelingt, dir etwas Spass an der Stochastik zu vermitteln. Die Fragestellungen, die dort aufgeworfen werden, haben nämlich weit mehr mit den realen Problemen zu tun, als die gewohnten Aufgaben aus Algebra und Geometrie.

Nun bleibt mir nur noch, dir viel Ausdauer bei der Arbeit mit diesem Buch und viel Erfolg in der Schule zu wünschen!

Rolf Baumann

Übrigens …
ab Seite 110 findest du einige Seiten mit Tipps und Tricks zum Lernen.
Schau doch mal rein!

... und mache dir rechtzeitig mindestens 5 Kopien von Figur 4 aus den Zeichnungsvorlagen!

Umkehrfunktion

Im ersten Kapitel dieses Bandes geht es zunächst um eine kurze Wiederholung der Begriffe *Funktion* und *Relation*, um mit diesen Begriffen anschließend sicher arbeiten zu können. Es werden Kriterien erarbeitet, die erfüllt sein müssen, damit man zu einer Funktion die Umkehrfunktion finden kann.

Der neue Begriff **Umkehrfunktion** bedeutet etwas Vergleichbares wie die „Umkehrungen“, die du bei den verschiedenen Rechenarten früher kennen gelernt hast. Zur Addition gehört die umgekehrte Rechenart (bzw. „Umkehrrechenart“) der Subtraktion, wie zur Multiplikation die Division oder zum Quadrieren das Wurzelziehen gehört.

Die notwendigen Definitionen und Formeln, die du bereits von früher her kennst, werden hier nur kurz angesprochen und im Übrigen findest du immer einen Hinweis auf die entsprechende Mentor-Lernhilfe, in der du mehr zum jeweiligen Thema findest.

1. Funktion/Relation

Die Zuordnungsvorschrift zwischen den Elementen von zwei Mengen heißt **Relation.**

Falls durch eine Relation jedem Element aus der Definitionsmenge $\mathbb{D}$ *genau ein Element* aus der Wertmenge $\mathbb{W}$ zugeordnet wird (*Eindeutigkeit*), so heißt sie **Funktion.**

Diese *Eindeutigkeit* der Funktionen bedeutet für unsere Beispiele und Aufgaben, dass jedem x-Wert aus der Definitionsmenge *genau* ein y-Wert aus der Wertemenge zugeordnet ist.
Oder anders ausgedrückt: Jede Parallele zur y-Achse schneidet den Graphen einer Funktion höchstens einmal!

Beispiele

a)

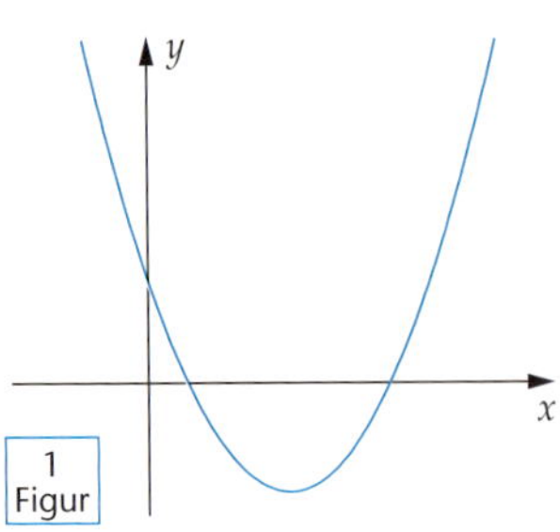

1 Figur

b)

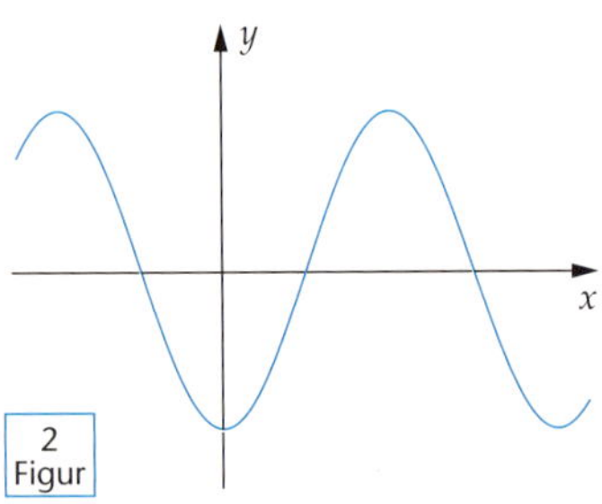

2 Figur

a) ist Graph einer Funktion.

b) ist Graph einer Funktion.

c)

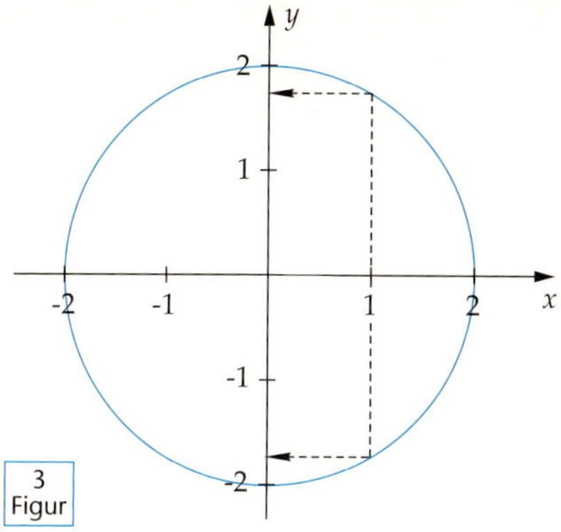

3 Figur

c) Ist Graph einer *Relation*, aber c) ist *nicht* Graph einer *Funktion*!

Das liegt daran, dass hier zum Beispiel der Abszisse $x = 1$ zwei verschiedene y-Werte zugeordnet sind:
$y_1 = 1{,}73$ und $y_2 = -1{,}73$

Damit ist die für Funktionen geforderte Eindeutigkeit der Zuordnung nicht mehr gegeben.

Bisher hast du im Unterricht vor allem zwei Typen von Funktionen näher kennen gelernt:

- Lineare Funktionen mit der allgemeinen Zuordnungsvorschrift
  $y = ax + b$ bzw.
  $y = mx + t$ (vergleiche ML 621, Abschnitt C2.2) und
- quadratische Funktionen mit der allgemeinen Zuordnungsvorschrift
  $y = ax^2 + bx + c$ (vergleiche ML 630, Abschnitt C6).

Dabei gilt für die Graphen dieser Funktionstypen:

- Die Graphen der linearen Funktionen sind *Geraden/Parabeln*.
- Die Graphen der quadratischen Funktionen sind *Geraden/Parabeln*.

Beispiel 1 Zeichne den Graphen mit der Funktionsgleichung $y = 2x - 3$.

Da wir später noch einmal darauf zurückkommen werden, legen wir zunächst eine Wertetabelle an. Berechne die fehlenden Funktionswerte und trage sie hier ein:

x	-2	-1	0	1	2	3	4
$y = 2x - 3$	-7		-3				

Trage nun die zugehörigen Punkte in eine Kopie des Achsenkreuzes mit kariertem Hintergrund ein und verbinde sie miteinander zur Figur 4.
(Wenn du es versäumt hast, das leere Achsenkreuz aus den Zeichnungsvorlagen zu kopieren, dann musst du dir jetzt ein passendes Koordinatensystem selbst erstellen und das Kopieren von Seite 121 so schnell wie möglich nachholen – vergleiche die Benutzerhinweise.)

Beispiel 2 Zeichne den Graphen mit der Funktionsgleichung $y = x^2$.

Berechne die fehlenden Funktionswerte und trage sie in die Wertetabelle auf der nächsten Seite ein:

x	-3	-2	-1	0	1	2	3
$y = x^2$							

Trage nun wieder die zugehörigen Punkte in eine Achsenkreuz-Kopie ein („Figur 5") und verbinde sie gleichmäßig miteinander zum Graphen p.

Nach diesen beiden einführenden Beispielen sei noch einmal festgehalten, dass sowohl durch die linearen als auch durch die quadratischen Funktionsgleichungen die *eindeutigen* Zuordnungen von den x-Werten zu den y-Werten gewährleistet sind. Diese Zuordnung soll nun im nächsten Abschnitt vertauscht werden.

2. Vertauschen der Koordinaten

In Figur 6 sind die fünf Punkte A, B, C, D und E eingezeichnet.

➡ Vertausche bei jedem dieser Punkte die Koordinaten, also die x- und y-Werte, kennzeichne die entstehenden Punkte mit einem Sternchen und zeichne diese neuen Punkte in Figur 6 ein.

$A\,(4|1) \rightarrow A^*\,(1|4)$

$B\,(-2|3) \rightarrow B^*$ (.......... | ....)

$C\,(3|3) \rightarrow C^*$ (.......... | ....)

$D\,(1|-2) \rightarrow D^*$ (.......... | ....)

$E\,(-4|-2) \rightarrow E^*$ (.......... | ....)

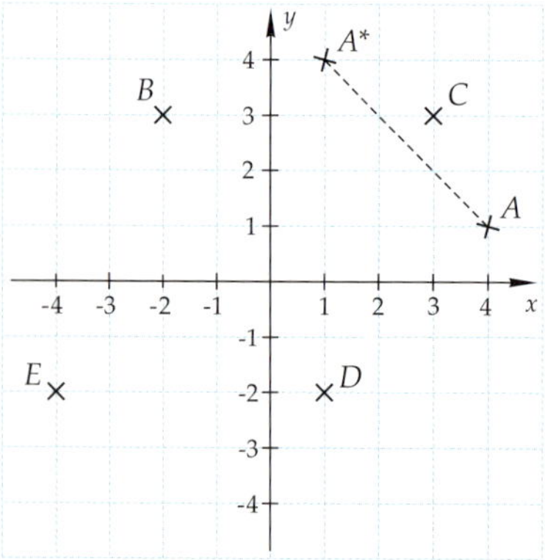

6
Figur

➡ Verbinde nun mit gestrichelten Linien B mit B^*, C mit C^*, D mit D^* und E mit E^*.

Zeichne in die Figur 6 auch noch mit Farbe die Gerade $y = x$ (Winkelhalbierende des **I.** und **III.** Quadranten) ein.

Damit kannst du sicher den Satz über die Lage der zusammengehörenden Punkte ergänzen:

Je zwei Punkte mit vertauschten Koordinaten liegen
.... zur Geraden $y = x$.

Diese Eigenschaft gilt auch für den Punkt C, der mit dem Punkt C^* zusammenfällt. Denn jeder Punkt auf der Symmetrieachse ist ein Fixpunkt der Achsenspiegelung (vergleiche ML 625, Kapitel B).

Dieses „Vertauschen der Koordinaten" werden wir jetzt auch bei den Punkten der Graphen von Figur 4 und Figur 5 durchführen. Den daraus erkennbaren geometrischen Zusammenhang werden wir anschließend auch algebraisch formulieren.

Beispiel 3

Vertausche in der für Beispiel 1 aufgestellten Wertetabelle die Koordinaten.

x	−2	−1	0	1	2	3	4
$y = 2x - 3$	−7	−5	−3	−1	1	3	5

↓ ↓ ↓ ↓ ↓ ↓ ↓

x^*	−7		−3				
y^*	−2		0				

➡ Zeichne die zu den vertauschten Koordinaten gehörenden Punkte in das Koordinatensystem der Figur 7, verbinde sie miteinander und bezeichne die entstehende Gerade mit g^*.

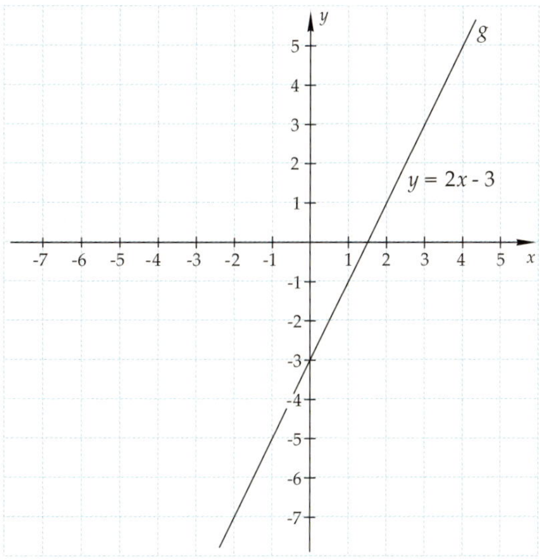

7 Figur

➡ Zeichne in die Figur 7 die Gerade $y = x$ gestrichelt ein und ergänze dann den folgenden Satz:

Die beiden Geraden g und g^* liegen .... zur Winkelhalbierenden des **I.** und **III.** Quadranten.

Die Funktionsgleichungen der Geraden g^* kannst du entweder aus dem Graphen ablesen (vergleiche ML 621, C2.2) oder aus der Funktionsgleichung von g herleiten. Vertausche dazu jetzt – ähnlich wie du bei den Punkten die Koor-

dinaten vertauscht hast – bei der Funktionsgleichung die Variablen x und y und löse die entstehende Gleichung nach y auf:

$$
\begin{array}{llll}
g: & y & = 2x - 3 & \\
 & & & \text{vertauschen} \\
 & x & = 2y - 3 & \mid + 3 \\
 & x + 3 & = 2y & \mid : 2 \\
 & \frac{x}{2} + \ldots\ldots & = y & \mid \text{umordnen} \\
g^*: & y & = \frac{x}{2} + \ldots\ldots &
\end{array}
$$

Dass dies wirklich die Funktionsgleichung der Geraden g^* ist, kannst du durch die folgende Wertetabelle nachprüfen: Setze die vorgeschlagenen x-Werte ein, berechne die fehlenden Funktionswerte und überzeuge dich davon, dass die zugehörigen Punkte die Gerade g^* in Figur 7 bilden, die du mithilfe der Wertetabelle für x^* und y^* gezeichnet hattest.

x	-7	-5	-3	-1	1	3	5
$y = \frac{x}{2} + \frac{3}{2}$							

Wenn man in der Funktionsgleichung einer Geraden die beiden Variablen x und y vertauscht und die entstehende Gleichung nach y auflöst, erhält man die Gleichung der **Umkehrfunktion der Geradengleichung**.

Dabei gilt:
Die beiden Geraden, die zur Funktion bzw. zur Umkehrfunktion gehören, verlaufen *achsensymmetrisch* zur Geraden $x = y$.

Aufgaben

A1 a) Zeichne die Gerade g mit der Funktionsgleichung $y = -\frac{1}{3}x + 2$.

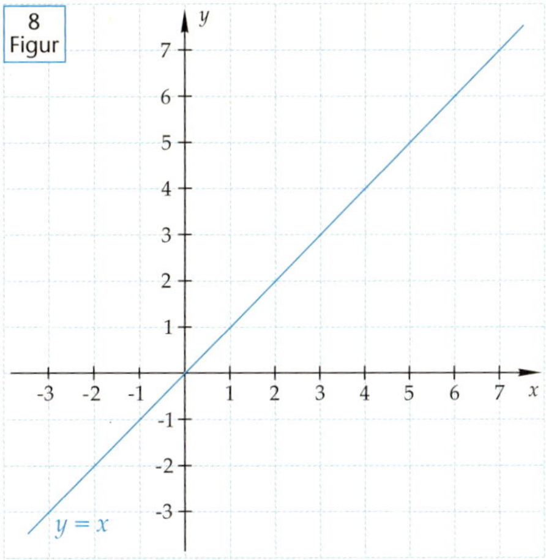

Ergänze:

	P	Q
x	0	3
$y = \frac{1}{3} - x + 2$		

Trage die Punkte P und Q in das Koordinatensystem der Figur 8 ein und zeichne die gesuchte Gerade g.

b) Bestimme die Gleichung der Umkehrfunktion zu g: $y = -\frac{1}{3}x + 2$.

g^*: $y =$ ....

c) Die Koordinaten der Punkte P^* und Q^* lauten:

P^* (........ | 0) und Q^* (........ | 3)

d) Trage die Punkte P^* und Q^* in die Figur 8 ein und zeichne die zugehörige Gerade g^*.

e) Mache die algebraische Probe, ob die Geradengleichung g^* sowie die Punkte P^* und Q^* zusammenpassen: Setze die durch Vertauschen gefundenen Koordinaten von P^* und Q^* in die Funktionsgleichung von g^* ein, um zu prüfen, ob die Punkte auf der Geraden liegen.

g^*: $y = -3x + 6$

P^* (2 | 0) $0 = -3 \cdot 2 + 6$ *richtig/falsch*

Q^* (........ | 3): $3 = -3 \cdot (........) + 6$ *richtig/falsch*

A2 Stelle zur allgemeinen Geradengleichung $y = ax + b$ $(a \neq 0)$ die zugehörige Gleichung der Umkehrfunktion auf.

g: $y = ax + b$ g^*: $y =$ ....

Beispiel 4 Vertausche in der für Beispiel 2 aufgestellten Wertetabelle die Koordinaten:

x	−3	−2	−1	0	1	2	3
$y = x^2$	9	4	1	0	1	4	9
	↓	↓	↓	↓	↓	↓	↓

	↓	↓	↓	↓	↓	↓	↓
x^*	9	4	1	0	1	4	9
y^*	-3	-2					

9 Figur

➡ Zeichne die zu den vertauschten Koordinaten gehörenden Punkte in das Koordinatensystem der Figur 9 und zeichne den zugehörigen Graphen p^*.

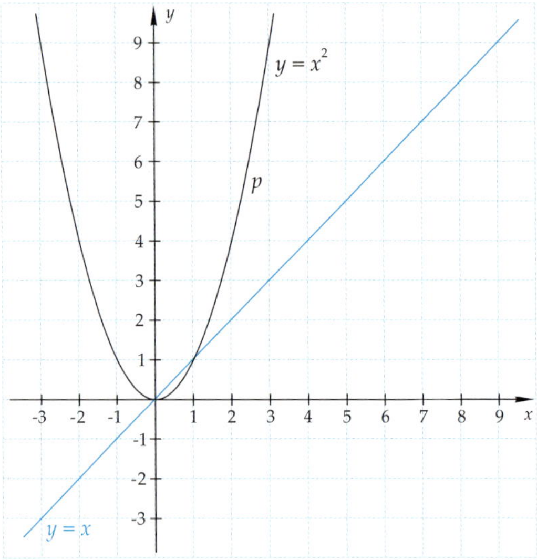

Ergänze den folgenden Satz:

Die beiden Graphen p und p^* liegen

.... zur Winkelhalbierenden des **I.** und **III.** Quadranten.

Wenn wir nun versuchen würden, die „Funktionsgleichung" des Graphen p^* aufzustellen, würden wir scheitern. Denn p^* ist *nicht* Graph einer Funktion; p^* ist der Graph einer **Umkehrrelation** zur Funktion $y = x^2$!

Begründung:
Aus der Wertetabelle der Umkehrrelation können wir entnehmen, dass zum Beispiel dem Wert $x^* = 9$ hier durch die Umkehrrelation zwei verschiedene y-Werte zugeordnet sind:

$y_1^* = 3$ und $y_2^* = -3$

Auf diese „Zweideutigkeit" stoßen wir auch auf algebraischem Weg, wenn wir x und y miteinander vertauschen:

p: $y = x^2$ ⤫ vertauschen $x = y^2$

Wenn wir diese Gleichung nach y auflösen wollen, müssen wir beim Wurzelziehen eine Fallunterscheidung beachten (vergleiche ML 630, S. 11/12):

$y^2 = x \quad |\sqrt{}$

$|y| = \sqrt{x}$

bzw. $y_1 = +\sqrt{x}$ und $y_2 = -\sqrt{x}$

Diese „Zweideutigkeit" ist der Grund dafür, dass wir bei der Umkehrung (Vertauschen von x und y und Auflösen nach y) der Quadratfunktion $y = x^2$ eine *Umkehrrelation* $y = \pm\sqrt{x}$ und *nicht* eine *Umkehrfunktion* erhalten.

Beachte
Die Umkehrung einer Funktion ergibt nur dann eine Umkehr*funktion*, wenn die Funktion zu je zwei verschiedenen x-Werten auch immer zwei verschiedene y-Werte liefert. Oder anders ausgedrückt: Wenn jedem Element der Definitionsmenge *genau ein* Element der Wertemenge zugeordnet ist und jedem Element der Wertemenge auch *genau ein* Element der Definitionsmenge entspricht.
Nur dann ist sichergestellt, dass die Eindeutigkeit auch nach der Umkehrung erhalten bleibt.

Diese Eigenschaft nennt man auch **umkehrbar eindeutig** bzw. **eineindeutig**.

Die Folgerung aus dieser Eigenschaft lautet:

Falls eine Funktion umkehrbar eindeutig ist, bedeutet dies für ihren Graphen, dass jede Parallele zur x-Achse den Graphen höchstens einmal schneidet!
(Aus den Parallelen zur x-Achse werden durch das Vertauschen von x und y dann Parallellen zur y-Achse. Diese haben mit den Graphen von Funktionen höchstens einen gemeinsamen Punkt – vergleiche Figur 3.)

Aufgabe A3

Entscheide bei den Graphen der Figuren 10, 11, 12 und 13, ob die zugrunde liegenden Funktionen umkehrbar eindeutig sind.
(Wenn du dir nicht sicher bist, dann probiere aus, ob du eine Parallele zur x-Achse finden kannst, die mit dem Graphen mehr als einen gemeinsamen Punkt hat.)

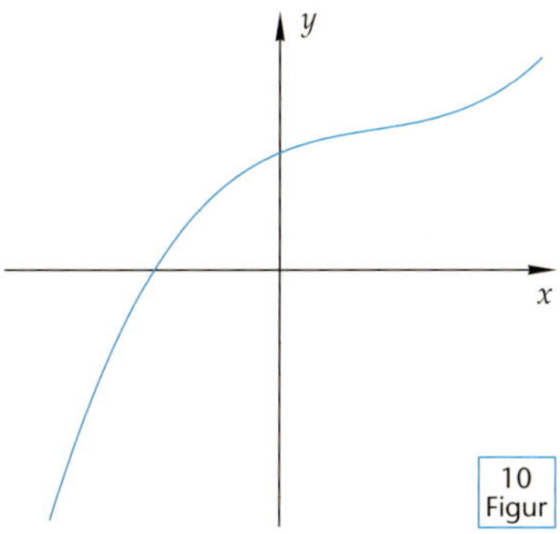

Figur 10

umkehrbar eindeutig / nicht umkehrbar eindeutig

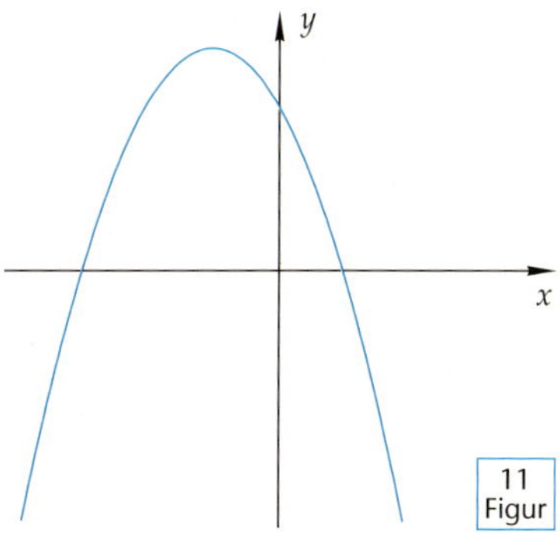

Figur 11

umkehrbar eindeutig / nicht umkehrbar eindeutig

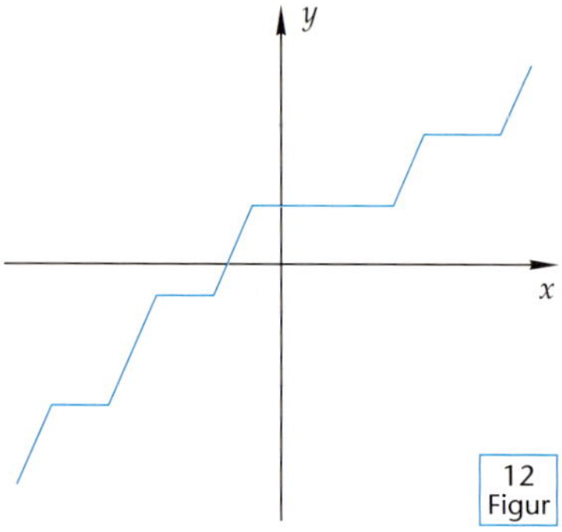

12 Figur

umkehrbar eindeutig / nicht umkehrbar eindeutig

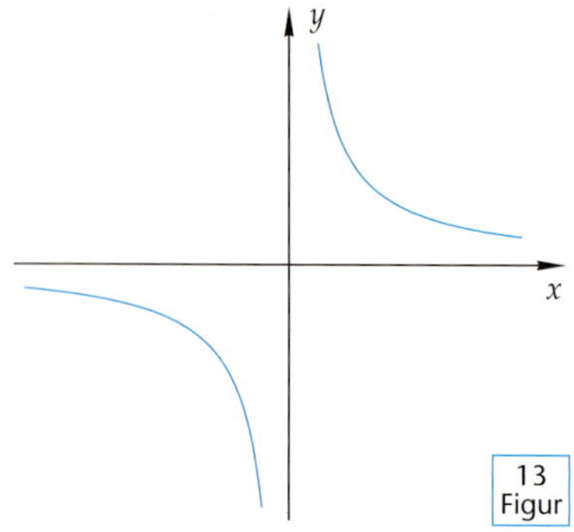

13 Figur

umkehrbar eindeutig / nicht umkehrbar eindeutig

Mithilfe der letzten Folgerung können wir auch bei der Quadratfunktion einen Bereich herausgreifen, für den die Zuordnung umkehrbar eindeutig ist: Wir müssen bei der Quadratfunktion die *Definitionsmenge einschränken*, damit die Umkehrrelation zur Umkehrfunktion wird!

Nehmen wir dazu nochmals die Wertetabelle von Beispiel 2:

x	-3	-2	-1	0	1	2	3
$y = x^2$	9	4	1	0	1	4	9

Verschiedene x-Werte besitzen den gleichen y-Wert.

Wenn wir zum Beispiel von der Definitionsmenge $\mathbb{R}$ den negativen Bereich weglassen und $\mathbb{D}$ auf $\mathbb{R}^+_0$ einschränken,

x	~~-3~~	~~-2~~	~~-1~~	0	1	2	3
$y = x^2$	~~9~~	~~4~~	~~1~~	0	1	4	9

↓ ↓ ↓ ↓

x^*	/	/	/	0	1	4	9
y^*	/	/	/	0	1	2	3

so ist die Funktion $y = x^2$ für den Bereich $\mathbb{D} = \mathbb{R}_0^+$ umkehrbar eindeutig.

Für den Graphen der Funktion $y = x^2$ ergibt sich im eingeschränkten Definitionsbereich $\mathbb{R}_0^+$ der Graph der Umkehrfunktion $y = \sqrt{x}$ wieder durch .... an der Winkelhalbierenden des **I.** (und **III.**) Quadranten (vergleiche Figur 14 auf der nächsten Seite); im Bereich $\mathbb{R}_0^+$ kannst du für die Umkehrfunktion auch schreiben: $y = \sqrt{x}$.

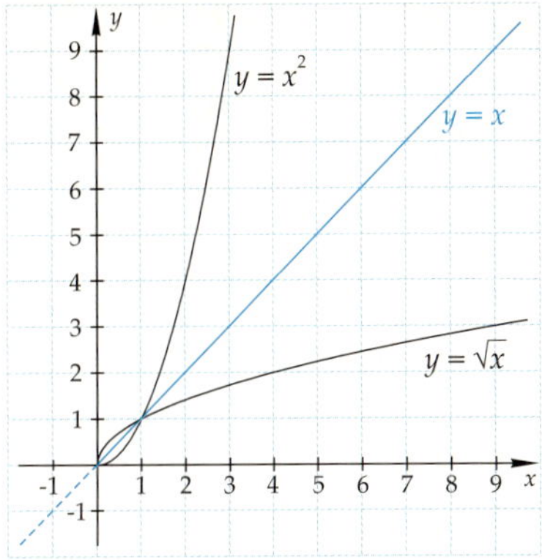

14
Figur

Beachte

- Durch die Einschränkung der Definitionsmenge auf $\mathbb{R}_0^+$ hat die Quadratfunktion $y = x^2$ als Umkehrfunktion die **Quadratwurzelfunktion** $y = \sqrt{x}$.
- Durch das Vertauschen von x und y wurden auch die Einschränkungen bei der Definitions- und der Wertemenge vertauscht.
  (Da bei dieser ersten Einschränkung der Definitionsmenge die Beschränkung auf $\mathbb{R}_0^+$ sowohl für $\mathbb{D}$ als auch für $\mathbb{W}$ gilt, bringt die Vertauschung in diesem Fall nichts. Bedeutsam wird sie aber schon bei der folgenden Einschränkung der Definitionsmenge.)

Die umkehrbare Eindeutigkeit der Funktion $y = x^2$ hätten wir auch dadurch erreichen können, daß wir den *positiven* Bereich der Definitionsmenge $\mathbb{R}$ weglassen und diese somit auf $\mathbb{R}_0^-$ einschränken.

x	-3	-2	-1	0	~~1~~	~~2~~	~~3~~
$y = x^2$	9	4	1	0	~~1~~	~~4~~	~~9~~

↓ ↓ ↓ ↓

x^*	9	4	1	0	/	/	/
y^*	-3				/	/	/

Damit ergibt sich für den Graphen der Funktion $y = x^2$ im eingeschränkten Definitionsbereich $\mathbb{R}_0^-$ der Graph der Umkehrfunktion $y = -\sqrt{x}$ mit $x \in \mathbb{R}_0^+$.

➡ Zeichne in Figur 15 den Graphen der Umkehrfunktion $y = -\sqrt{x}$ ein.

Wenn man für die Funktion $y = x^2$ den Definitionsbereich einschränkt auf $\mathbb{D} = \mathbb{R}_0^-$, so ergibt sich als Graph der „linke" Parabelast.

Der Graph der zugehörigen Umkehrfunktion $y = -\sqrt{x}$ ergibt sich durch .... des Parabelastes an der .... des **I.** (und **III.**) Quadranten.

Beachte

- Wenn man für die Funktion $y = x^2$ die Definitionsmenge eingeschränkt auf $\mathbb{D} = \mathbb{R}_0^-$, so ergibt sich die Wertemenge $\mathbb{W}$ = ...
- Für die dazugehörige Umkehrfunktion $y = -\sqrt{x}$ (vergleiche Figur 15) gilt:

  $\mathbb{D}$ = ... und

  $\mathbb{W}$ = ...

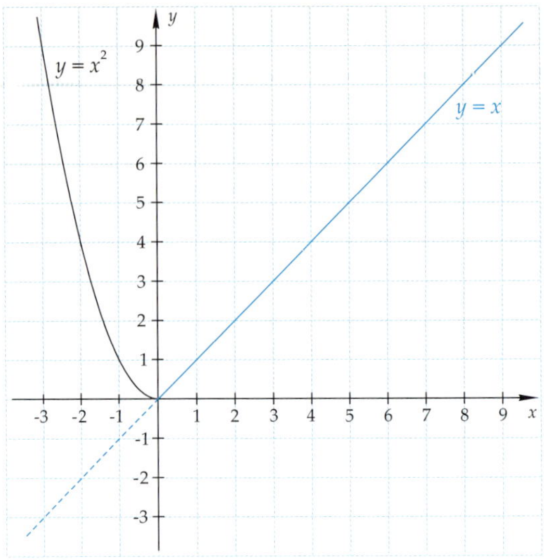

15 Figur

3. Quadratwurzelfunktion

Das Verfahren, den Definitionsbereich der Quadratfunktion einzuschränken, um sie umkehrbar eindeutig zu machen und die Umkehrfunktion dafür zu finden, lässt sich auf jede beliebige quadratische Funktion $y = ax^2 + bx + c$ übertragen.

Beispiel 5

a) Gib für die Funktion $y = x^2 + 4x + 3$ zwei möglichst große Bereiche der Definitionsmenge $\mathbb{D} = \mathbb{R}$ an, sodass sich für diese Bereiche jeweils die Umkehrfunktion aufstellen lässt. (Vergleiche den Lösungshinweis nach Teil c.)

b) Zeichne für beide Bereiche in Figur 17 bzw. Figur 18 – aus der Zeichnungsvorlage – den Graphen der Umkehrfunktion. (Der Graph der *Funktion* ist in Figur 16 bereits gezeichnet.)

c) Gib für beide Bereiche jeweils die Gleichung der Umkehrfunktion an.

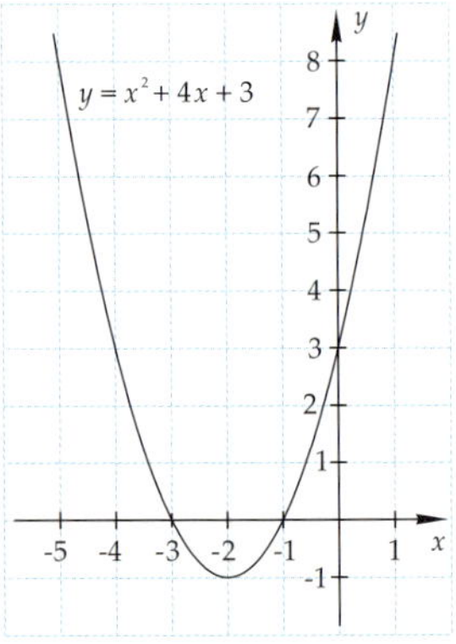

16 Figur

zu a)

Wieder lassen sich zwei Bereiche der Definitionsmenge der Parabelfunktion ($\mathbb{D} = \mathbb{R}$) erkennen, für die die Funktion umkehrbar eindeutig ist:

→

Die Funktion $y = x^2 + 4x + 3$ ist *umkehrbar eindeutig* jeweils für die Bereiche

- *„links" vom Scheitel* für $x \leqq -2$ (Figur 17) sowie
- *„rechts"* vom Scheitel für x .... (Figur 18).

(Die umkehrbare Eindeutigkeit ist für beide Parabeläste gewährleistet, da diese Äste von Parallelen zur x-Achse jeweils höchstens einmal geschnitten werden.)

zu b)

Zeichne für beide Bereiche den Graphen der Umkehrfunktion durch Spiegelung des jeweiligen Parabelastes an der Winkelhalbierenden.

zu c)

Da die Bereiche der Umkehrfunktion von der Lage des Scheitels abhängen, ist es günstig, die gegebene Funktionsgleichung zuerst in die Scheitelform (vergleiche ML 630, Abschnitt C7) umzuwandeln:

$$y = x^2 + 4x + 3 \qquad |\text{ quadratische Ergänzung}$$
$$y = x^2 + 4x + 2^2 - 2^2 + 3$$
$$y = (x+2)^2 - 1 \qquad \text{Scheitelform mit } S\,(\ldots\ldots \,|\, \ldots\ldots)$$
$$|\text{ vertauschen}$$
$$x = (y+2)^2 - 1 \qquad |+1$$
$$x \ldots\ldots\ldots = (y+2)^2 \qquad |\sqrt{}$$
$$\sqrt{x \ldots\ldots\ldots} = |y+2| \qquad \text{bzw.}$$
$$\pm\sqrt{x \ldots\ldots\ldots} = y + 2 \qquad |-2$$
$$\pm\sqrt{x \ldots\ldots\ldots}\ \ldots\ldots\ldots = y \qquad \text{bzw.}$$
$$y = \pm\sqrt{x+1} - 2$$

Jetzt können wir für die Funktion $y = x^2 + 4x + 3$ feststellen:
- Im Bereich $\mathbb{D}_1 = \{x \,|\, x \leqq -2\}$ gilt für die Umkehrfunktion $y = -\sqrt{x+1} - 2$,
- Im Bereich $\mathbb{D}_2 = \{x \,|\, x \geqq -2\}$ gilt für die Umkehrfunktion $y = +\sqrt{x+1} - 2$.

Beachte
- Die angegebenen Definitionsbereiche $\mathbb{D}_1$ und $\mathbb{D}_2$ beziehen sich beide auf die Funktion $y = x^2 + 4x + 3$.
- Für $\mathbb{D}_1$ „links vom Scheitel" gilt:
  $x \leqq$ *x-Koordinate / y-Koordinate* des Scheitels.
- Für $\mathbb{D}_2$ „rechts vom Scheitel" gilt:
  $x \geqq$ *x-Koordinate / y-Koordinate* des Scheitels.
- Für den Definitionsbereich der Umkehrfunktion $y = \pm\sqrt{x+1} - 2$ gilt dagegen jeweils:

  $x + 1 \geqq 0$ (Der Radikand darf nicht negativ sein! – Vergleiche ML 630, Seite 25)

  bzw. $x \geqq -1$

  bzw. $\mathbb{D} = \{x \,|\, x \geqq -1\}$

Betrachte noch einmal die Figur 17 und ergänze:

Zur Funktion $y = x^2 + 4x + 3$ gehört im Definitionsbereich $\mathbb{D} = \{x \mid x \leqq -2\}$
die Wertemenge $\mathbb{W} = \{y \mid y \geqq -1\}$.

Zur zugehörigen Umkehrfunktion $y = -\sqrt{x+1} - 2$ gehört
im Definitionsbereich $\mathbb{D} = \{x \mid x \geqq -1\}$

die Wertemenge $\mathbb{W} = \{y \mid y \text{ ....}\}$.

Betrachte jetzt die Figur 18 und ergänze:

Zur Funktion $y = x^2 + 4x + 3$ gehört im Definitionsbereich $\mathbb{D} = \{x \mid x \geqq -2\}$
die Wertemenge $\mathbb{W} = \{y \mid y \geqq -1\}$.

Zur zugehörigen Umkehrfunktion $y = +\sqrt{x+1} - 2$ gehört
im Definitionsbereich $\mathbb{D} = \{x \mid \text{...............}\}$

die Wertemenge $\mathbb{W} = \{y \mid \text{...............}\}$.

Dieser Zusammenhang lässt sich allgemein formulieren – wobei wir hier auf den Beweis verzichten.

Bei Funktion und zugehöriger Umkehrfunktion sind Definitionsmenge und Wertemenge vertauscht.

Um die größtmöglichen Bereiche $\mathbb{D}_1$ und $\mathbb{D}_2$ zu finden, in denen eine quadratische Funktion eine Umkehrfunktion besitzt, musst du zunächst die Scheitelkoordinaten $S(x_S \mid y_S)$ mithilfe der Scheitelform und der quadratischen Ergänzung bestimmen.

Für $\mathbb{D}_1$ „links" vom Scheitel gilt: $x \leqq x_S$
Für $\mathbb{D}_2$ „rechts" vom Scheitel gilt: $x \geqq x_S$

Muster-
aufgabe

a) Gib für die Funktion $y = x^2 - 6x + 5$ zwei möglichst große Bereiche der Definitionsmenge $\mathbb{D} = \mathbb{R}$ an, in welchen sich jeweils die Umkehrfunktion aufstellen lässt.

b) Zeichne für beide Bereiche den Graphen der Umkehrfunktion.

c) Gib für beide Bereiche die Umkehrfunktion an.

Lösung Teil a)

Damit wir die gesuchten Bereiche „links" und „rechts" vom Scheitel angeben können, müssen wir zunächst die Scheitelkoordinaten berechnen. Dies machen wir mithilfe der Scheitelform, die wir für den Teil c) noch einmal benötigen werden.

$y = x^2 - 6x + 5$

$y = (x^2 - 6x \ldots) \ldots + 5$ | quadratische Ergänzung

$y = (x^2 - 6x + 9) - 9 + 5$

$y = (x - 3)^2$ .... $\Rightarrow$ $S\,(3\,|\,\ldots\ldots\ldots)$

Damit stehen die beiden Bereiche fest: $\mathbb{D}_1 = \{x \,|\, x \leqq 3\}$ und $\mathbb{D}_2 = \{x \,|\, x$ ....$\}$

Lösung Teil b)

Wenn der Graphen einer Umkehrfunktion gezeichnet werden soll, lohnt es sich, vorher den Graphen der Funktion zu zeichnen. Denn die Spiegelung an der Geraden $y = x$ liefert den gesuchten Graphen der Umkehrfunktion.

➡ Zeichne die Graphen der Umkehrfunktionen.

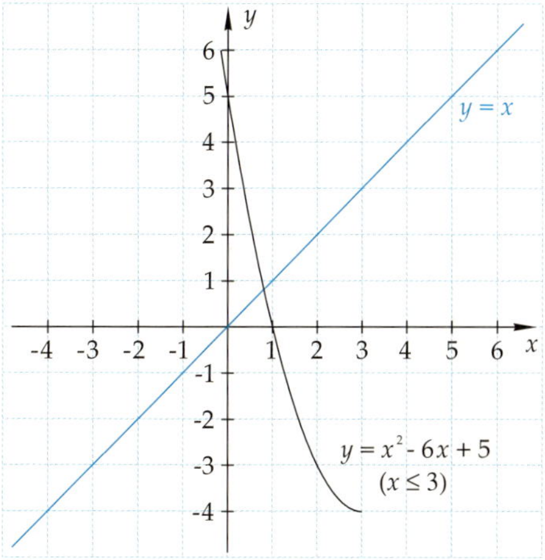

19
Figur

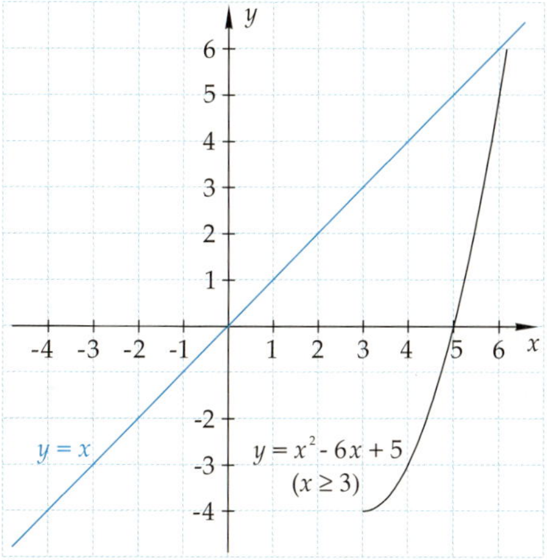

20
Figur

Lösung Teil c)

$y = x^2 - 6x + 5$
$y = (x-3)^2 - 4$) Scheitelform

| vertauschen

$x = (y-3)^2 - 4$

Löse auf einem Beiblatt nach y auf: $y = \pm\sqrt{\ldots\ldots\ldots\ldots}$

- Für die Funktion $y = x^2 - 6x + 5$ lautet im Bereich $\mathbb{D}_1 = \{x \mid x \leqq 3\}$ mit

  $\mathbb{W} = \{y \mid \ldots\ldots\ldots\}$ (Figur 19) die Umkehrfunktion: $y = \ldots\ldots\ldots\ldots$

  Für diese Umkehrfunktion gilt: $\mathbb{D} = \{x \mid \ldots\ldots\ldots\}$ mit

  $\mathbb{W} = \{y \mid \ldots\ldots\ldots\}$ (Figur 19)

- Für die Funktion $y = x^2 - 6x + 5$ lautet im Bereich $\mathbb{D}_2 = \{x \mid x \geqq 3\}$ mit

  $\mathbb{W} = \{y \mid \ldots\ldots\ldots\}$ (Figur 20) die Umkehrfunktion: $y = \ldots\ldots\ldots\ldots$

  Für diese Umkehrfunktion gilt: $\mathbb{D} = \{x \mid \ldots\ldots\ldots\}$ mit

  $\mathbb{W} = \{y \mid \ldots\ldots\ldots\}$ (Figur 20)

Aufgabe A4

Gegeben ist die Funktion $y = -\frac{1}{2}(x+2)^2 + 2$.

a) Lies den Scheitel S der zugehörigen Parabel ab: $S\,(\ldots\ldots \mid \ldots\ldots)$

b) Zeichne die zugehörige Parabel in eine Achsenkreuzkopie als „Figur 21".

c) Gib für die Funktion $y = -\frac{1}{2}(x+2)^2 + 2$ zwei möglichst große Bereiche der Definitionsmenge $\mathbb{D} = \mathbb{R}$ an und stelle für diese Bereiche jeweils die Umkehrfunktion auf:

$\mathbb{D}_1 = \{x \mid x \leqq \ldots\ldots\}$ und $\mathbb{D}_2 = \{x \mid x \geqq \ldots\ldots\}$

d) Bestimme die zugehörigen Wertemengen:

Zu $\mathbb{D}_1 = \{x \mid x \leqq \ldots\ldots\}$ gehört $\mathbb{W} = \{y \mid \ldots\ldots\ldots\}$.

Zu $\mathbb{D}_2 = \{x \mid x \geqq \ldots\ldots\}$ gehört $\mathbb{W} = \{y \mid \ldots\ldots\ldots\}$.

e) Bestimme für beide Definitionsbereiche die jeweilige Umkehrfunktion.

f) Zeichne in eine Achsenkreuz-Kopie („Figur 22") den Graphen der Funktion für $\mathbb{D}_1$ und den Graphen der zugehörigen Umkehrfunktion.

g) Zeichne in eine Achsenkreuz-Kopie („Figur 23") den Graphen der Funktion für $\mathbb{D}_2$ und den Graphen der zugehörigen Umkehrfunktion.

B

Potenzgesetze

Erinnerst du dich noch an folgende Begriffe und Rechenregeln, die du bereits in früheren Jahren kennen gelernt hast?

Bei der Potenz a^b heißt a die **Basis** (Grundzahl) und b der **Exponent** (Hochzahl).

(Vergleiche ML 620, Kapitel E.)

Wenn man für a und b Zahlen einsetzt, kann man den **Wert der Potenz** bestimmen.
Dabei gibt der Exponent b an, wie oft die Basis a mit sich selbst multipliziert wird:

$$a^b = \underbrace{a \cdot a \cdot a \cdot \ldots \cdot a}_{b\text{-mal}}$$

So kannst du also zum Beispiel 3^5 ausführlich so schreiben: $3^5 = 3 \cdot 3 \cdot 3 \cdot 3 \cdot 3$; und auf diese Weise kannst du auch den Wert dieser Potenz berechnen:

$$3^5 = 3 \cdot 3 \cdot 3 \cdot 3 \cdot 3 = \ldots\ldots\ldots$$

Löse nun zur Wiederholung einige Potenzaufgaben. Die Potenzgesetze, die du dabei anwendest, sind im Anschluss daran zusammengestellt. Solltest du mit einer der Aufgaben nicht zurechtkommen, dann versuche es zunächst mit einem Blick in diese Zusammenstellung.
Wenn dir auch dann noch kein Weg einfällt, schau dir die ausführlichen Lösungen an und versuche anschließend noch einmal, die Aufgaben selbstständig zu lösen.

Aufgabe B1

Löse auf einem Beiblatt und trage hier nur deine Ergebnisse ein.

Fasse zusammen:

a) $5x^3 + 7x^5 - 3x^3 - 8x^5 = \ldots\ldots\ldots$

b) $x^3 \cdot x^5 = \ldots\ldots\ldots$

c) $x^5 : x^3 = \ldots\ldots\ldots$

d) $x^3 : x^3 = \ldots\ldots\ldots$

e) $x^3 : x^5 = \ldots\ldots\ldots$

Aufgaben

B2

Berechne:

a) $2^6 =$ ....

b) $1{,}8^3 =$ ....

c) $1^7 =$ ....

d) $7^1 =$ ....

e) $(-3)^4 =$ ....

f) $(-3)^5 =$ ....

g) $5^3 =$ ....

h) $5^{-3} =$ ....

B3

Löse die Klamern auf:

a) $(a^6)^2 =$ ....

b) $(ab^3)^4 =$ ....

c) $(x + y) \cdot a^n =$ ....

d) $\left(\frac{x}{y}\right)^3 =$ ....

B4

Klammere aus:

a) $5x^6 - 15x^4 =$ ....

b) $21x^5y^3 - 12x^3y^5 =$ ....

c) $a^8 \cdot b^6 =$ ....

d) $\frac{u^{10}}{v^5} =$ ....

B5

Schreibe die Zahlen bzw. das Ergebnis mit einer Ziffer vor dem Komma und der zugehörigen Zehnerpotenz:

a) $36000 = 3{,}6 \cdot 10^{\cdots\cdots}$

b) $75230000 =$ ....

c) $0{,}00856 = 8{,}56 \cdot 10^{\cdots\cdots}$

d) $0{,}00004123 =$ ....

e) $3000000 \cdot 0{,}0005 = 3 \cdot 10^{\cdots\cdots} \cdot 5 \cdot 10^{\cdots\cdots} = 3 \cdot 5 \cdot 10^{\cdots\cdots} \cdot 10^{\cdots\cdots} =$

$= 15 \cdot 10^{\cdots\cdots} = 1{,}5 \cdot 10^{\cdots\cdots}$

f) $0{,}007 \cdot 400000 =$ ....

Falls du mit diesen Aufgaben nicht zurechtgekommen bist, nimm dir den Band ML 620 vor, dort werden im Kapitel „Potenzrechnen“ die Potenzgesetze hergeleitet und ihre Anwendung an Aufgaben trainiert.

Hier nun die Zusammenstellung der bisher bekannten **Potenzgesetze:**

I	$a^m \cdot a^n = a^{m+n}$	$\Rightarrow$	$2^5 \cdot 2^3 = 2^{\dots\dots} = 2^{\dots}$
II	$a^m : a^n = a^{m-n}$	$\Rightarrow$	$2^5 : 2^3 = 2^{\dots\dots} = 2^{\dots}$
III	$(a^m)^n = a^{m \cdot n}$	$\Rightarrow$	$(2^5)^3 = 2^{\dots\dots} = 2^{\dots\dots}$
IV	$a^m \cdot b^m = (a \cdot b)^m$	$\Rightarrow$	$2^5 \cdot 3^5 = (2 \cdot 3)^{\dots}$
V	$\frac{a^m}{b^m} = \left(\frac{a}{b}\right)^m$	$\Rightarrow$	$\frac{2^5}{3^5} = \left(\frac{2}{3}\right)^{\dots}$

Nach dieser Zusammenstellung der Potenzgesetze müssen einige Besonderheiten bei der Schreibweise von Potenzen erklärt werden. Dabei handelt es sich um Definitionen, die sich widerspruchsfrei mit den Potenzgesetzen ergänzen. (Vergleiche auch hier ML 620, Seite 94.)

$a^1 = a$	$a^{-m} = \frac{1}{a^m}$	$a^0 = 1$
$5^1 = \dots\dots$	$5^{-3} = \frac{\dots}{\dots\dots}$	$5^0 = \dots\dots$

Beachte, dass für Potenzgesetze folgende *Einschränkungen* gelten:

Die Grundzahlen (Basen) können beliebige reelle Zahlen ungleich null sein, die Hochzahlen (Exponenten) stammen aus der Menge der *ganzen Zahlen*. (Diese Einschränkung auf die ganzen Zahlen wird erst später fallen.)

Die Notwendigkeit dieser Einschränkungen kannst du dir an einem Beispiel klarmachen:

Statt a^{-3} kannst du auch $a^{-3} = \frac{1}{a^3}$ schreiben. Da bei einem *Bruch* der Nenner nicht .... sein darf, muss für die Grundzahl a gelten: $a \in \mathbb{R} \setminus \{0\}$

Nun noch zwei Monotoniegesetze, mit deren Hilfe man Potenzen miteinander vergleichen kann. Auf die Beweise sei hier verzichtet.

1. Monotoniegesetz

$0 < a < b \;\wedge\; x > 0 \quad \Rightarrow \quad 0 < a^x < b^x$

In Worten:
Wenn man zwei positive Grundzahlen (hier a und b) mit einer positiven Hochzahl (hier x) potenziert, so folgt aus a kleiner als b auch, dass a^x kleiner ist als b^x.

Beispiel: Wenn wir für $a = 3$, $b = 5$ und $x = 2$ setzen, so besagt das 1. Monotoniegesetz:

$0 < 3 < 5 \wedge 2 > 0 \Rightarrow$ ....

2. Monotoniegesetz (1. Teil)

$a > 1 \wedge x < z \Rightarrow a^x < a^z$

In Worten:
Wenn die Grundzahl größer ist als eins, so richtet sich die Größe von zwei Potenzen mit dieser Grundzahl genau nach der Größe der beiden Hochzahlen: Zur größeren Hochzahl gehört auch die größere Potenz.

Beispiel: Wenn wir für $a = 5$, $x = 2$ und $z = 3$ setzen, besagt das 2. Monotoniegesetz:

$5 > 1 \wedge 2 < 3 \Rightarrow$ ....

Denn für die ausgerechneten Potenzen gilt: ....

2. Monotoniegesetz (2. Teil)

$0 < a < 1 \wedge x < z \Rightarrow 0 < a^z < a^x$

In Worten:
Wenn die positive Grundzahl kleiner ist als eins, so ist von zwei Potenzen mit dieser Grundzahl diejenige Potenz die größere, die die *kleinere / größere* Hochzahl hat.

Beispiel: Wenn wir für $a = \frac{1}{5}$, $x = 2$ und $z = 3$ setzen, besagt das 2. Monotoniegesetz:

$0 < \frac{1}{5} < 1 \wedge 2 < 3 \Rightarrow$ ....

Denn für die ausgerechneten Potenzen gilt: ....

Unser nächstes Ziel ist es, die Einschränkung zu beseitigen, dass die Hochzahlen bei Potenzen aus $\mathbb{Z}$ kommen müssen. Wir werden versuchen, eine sinnvolle Definition für Potenzen a^m zu finden, sodass m nicht nur aus $\mathbb{Z}$, sondern auch aus $\mathbb{Q}$ kommen darf, also auch ein Bruch sein kann.

Mit dieser Definition werden wir dann zum Beispiel $8^{\frac{5}{3}}$ berechnen können.

Dabei sollen sowohl alle bisher bekannten Rechengesetze als auch die Potenzgesetze weiterhin gültig sein und auch für die „neuen“ Hochzahlen gelten.

Erinnere dich:
Bei den Wurzeln hast du folgende Rechenregel gelernt: $\sqrt{5} \cdot \sqrt{5} = $ ....

Die Einführung dieser (Quadrat-)Wurzel war notwendig geworden, um Gleichungen der Art $x^2 = 5$ lösen zu können.

Als „Wurzel aus fünf", $\sqrt{5}$ bzw. $\sqrt[2]{5}$, hatten wir diejenige positive Zahl definiert, die mit sich selbst multipliziert – also quadriert – wieder 5 ergibt.

Nun wollen wir die Wurzelschreibweise durch eine gleichbedeutende Hochzahlschreibweise ersetzen. Welcher Exponent sich anstelle der Wurzel mit den bisher festgelegten Potenzgesetzen verträgt, sollst du dir mit dem obigen Beispiel klarmachen:

Gesucht wird die Hochzahl u, sodass gilt: $\sqrt{5} = 5^u$

Wir müssen die Hochzahl so bestimmen, dass sich der Term 5^u mit den bisherigen Rechenregeln und Potenzgesetzen widerspruchsfrei verträgt.

Weil schon bisher gilt: $\sqrt{5} \cdot \sqrt{5} = 5$,
muss auch gelten: $5^u \cdot 5^u = 5$

Wenn wir jetzt das Potenzgesetz **I**, das ja auch für die „neuen" Hochzahlen gelten soll, anwenden, können wir die Hochzahlen zusammenfassen:

$$5^{u+u} = 5$$

Mit der Definition von Seite 24, die besagt, dass die „fehlende" Hochzahl auf der rechten Gleichungsseite durch eine .... ersetzt werden kann, können wir schreiben:

$$5^{u+u} = 5^{.....}$$

Da jetzt auf beiden Seiten der Gleichung Potenzen mit gleicher Basis stehen, müssen auch die Exponenten gleich sein (vergleiche ML 621, Abschnitt B8). Damit ergibt sich für die Hochzahlen die Gleichung:

$$u + u = \text{........}$$

$$2u = \text{........}$$

$$u = \text{........}$$

Hier haben wir zum ersten Mal eine nichtganze bzw. eine „gebrochene" Hochzahl, die wir so festlegen können: $\sqrt{5} = 5^{\frac{1}{2}}$

Damit können wir allgemein definieren:

$\sqrt{a} = a^{\frac{1}{2}}$ für $a \geq 0$

An die neue Schreibweise kannst du dich mit einigen Beispielen ($a, b \in \mathbb{R}^+$) gewöhnen:

Beispiel

Statt		können wir auch schreiben:
$\sqrt{a} \cdot \sqrt{b} = \sqrt{\dots\dots \cdot \dots\dots}$	$\Leftrightarrow$	$a^{\frac{1}{2}} \cdot b^{\frac{1}{2}} = (\dots\dots \cdot \dots\dots)^{\frac{1}{2}}$
$\frac{\sqrt{a}}{\sqrt{b}} = \sqrt{\frac{\dots\dots}{\dots\dots}}$	$\Leftrightarrow$	$\frac{a^{\frac{1}{2}}}{b^{\frac{1}{2}}} = \left(\frac{\dots\dots}{\dots\dots}\right)^{\frac{1}{2}}$
$5\sqrt{a} + 3\sqrt{a} = \dots\dots \sqrt{a}$	$\Leftrightarrow$	$5a^{\frac{1}{2}} + 3a^{\frac{1}{2}} = \dots\dots a^{\frac{1}{2}}$
$(\sqrt{a})^4 = a^{\dots\dots}$	$\Leftrightarrow$	$(a^{\frac{1}{2}})^4 = a^{\dots\dots \cdot \dots\dots} = a^{\dots\dots}$

Noch einmal sei festgehalten, dass die drei Schreibweisen $\sqrt{a}$, $\sqrt[2]{a}$ und $a^{\frac{1}{2}}$ völlig gleichbedeutend sind!

Die Gedanken, die zur Festsetzung $\sqrt{a} = a^{\frac{1}{2}}$ geführt haben, lassen sich ausweiten. Entsprechend können wir die *nichtnegativen* Lösungen der folgenden Gleichungen auf zweierlei Weisen schreiben:

Gleichung	nichtnegative Lösung in Wurzelschreibweise		nichtnegative Lösung in Hochzahlschreibweise
$x^3 = 5 \quad \Rightarrow$	$x = \sqrt[3]{5}$	bzw.	$x = 5^{\frac{1}{3}}$
$x^4 = 5 \quad \Rightarrow$	$x = \sqrt[4]{5}$	bzw.	$x = 5^{\frac{1}{4}}$
$x^5 = 5 \quad \Rightarrow$	$x = \sqrt[\dots]{5}$	bzw.	$x = 5^{\dots\dots}$
$x^6 = 5 \quad \Rightarrow$	$x = \sqrt[\dots]{5}$	bzw.	$x = 5^{\dots\dots}$
$x^7 = 5 \quad \Rightarrow$	$x = \sqrt[\dots]{5}$	bzw.	$x = 5^{\dots\dots}$

Da auch das **III.** Potenzgesetz für die „neuen" Hochzahlen gelten soll, ergibt sich:

- $\sqrt[3]{5} \cdot \sqrt[3]{5} \cdot \sqrt[3]{5} = (\sqrt[3]{5})^3 = \dots\dots$
- Für die nichtnegativen Lösungen der Gleichung $x^4 = 5$ gilt:

  $\sqrt[4]{5} \cdot \sqrt[4]{5} \cdot \sqrt[4]{5} \cdot \sqrt[4]{5} = (\sqrt[4]{5})^{\dots\dots} = \dots\dots$ bzw.

  $5^{\frac{1}{4}} \cdot 5^{\frac{1}{4}} \cdot 5^{\frac{1}{4}} \cdot 5^{\frac{1}{4}} = (5^{\frac{1}{4}})^{\dots\dots} = \dots\dots$

Damit können wir auch für die nichtnegative Lösung der allgemeinen Gleichung $x^n = a$ festlegen:

$$x = \sqrt[n]{a} \text{ bzw. } x = a^{\frac{1}{n}}$$

→

$$\text{mit}\quad \underbrace{\sqrt[n]{a}\cdot\sqrt[n]{a}\cdot\sqrt[n]{a}\cdot\ldots\cdot\sqrt[n]{a}}_{n\text{-mal}} = \left(\sqrt[n]{a}\right)^n = a$$

$$\text{bzw.}\quad \underbrace{a^{\frac{1}{n}}\cdot a^{\frac{1}{n}}\cdot a^{\frac{1}{n}}\cdot\ldots\cdot a^{\frac{1}{n}}}_{n\text{-mal}} = \left(a^{\frac{1}{n}}\right)^n = a$$

In Worten:

- Die n-te Wurzel und der Exponent n heben sich auf.
  oder:
- Der Exponent $\frac{1}{n}$ und der Exponent n heben sich auf.

Auch hier gilt wieder die Einschränkung

- $\sqrt[n]{a}$ bzw. $a^{\frac{1}{n}}$ ist nur definiert für $a \geq 0$.

Damit du dir unter der „dritten Wurzel" bzw. dem Exponenten $\frac{1}{n}$ etwas vorstellen kannst, folgen einige Beispiele.

Beispiele

Formuliere jeweils eine Frage für die gesuchte Zahl, „übersetze" die Wurzelschreibweise in die Hochzahlschreibweise und bestimme die Lösungen.

1. $\sqrt[3]{125}$
   Frage: Welche Zahl ergibt dreimal mit sich selbst multipliziert 125?
   Lösung: $\sqrt[3]{125} = 125^{\frac{1}{3}} = 5$, denn: $5 \cdot 5 \cdot 5 = 25 \cdot 5 = 125$
2. $\sqrt[4]{81}$
   Frage: Welche Zahl ergibt ....mal mit sich selbst multipliziert .... ?
   Lösung: $\sqrt[4]{81} = 81^{\frac{1}{4}} =$ ...., denn: .... · .... · .... · .... = ...
3. $\sqrt[5]{32}$
   Frage: Welche Zahl ergibt ....mal mit sich selbst multipliziert .... ?
   Lösung: $\sqrt[5]{32} = 32^{\frac{1}{5}} =$ ...., denn: .... · .... · .... · .... · .... = ...

Die bisherigen Beispiele zu den neuen Hochzahlen waren alle so angelegt, dass du die ganzzahlige Lösung erkennen konntest.

Falls aber $\sqrt[3]{50}$ bzw. $50^{\frac{1}{3}}$ gesucht ist und wir nur abschätzen können, dass die Lösungszahl zwischen 3 und 4 liegt, können wir die Lösung entweder mithilfe des Taschenrechners (mit speziellen Tasten) oder mit einer Zahlentafel bestimmen. Erst später, wenn wir die Potenzfunktionen kennen gelernt haben, steht uns auch die Möglichkeit offen, die gesuchte Zahl – zumindest größenordnungsmäßig – aus einem Graphen abzulesen.

Analog zu den bereits bekannten Graphen der Potenzfunktion $y = \sqrt{x}$ bzw. $y = x^2$ triffst du im folgenden Kapitel auf weitere Potenzfunktionen.

Im Moment geht es darum, eine Möglichkeit aufzuzeigen, wie man ohne spe-

zielle Hilfsmittel die „dritte Wurzel aus fünfzig“ bestimmen kann. Sie soll schrittweise bis auf zwei Stellen nach dem Komma berechnet werden:

$\sqrt[3]{50}$ liegt zwischen 3 und 4,
da $3^3 = \ldots\ldots$ und $4^3 = \ldots\ldots$.

$\sqrt[3]{50}$ liegt zwischen 3,6 und 3,7,
da $3{,}6^3 \approx \ldots\ldots$ und $3{,}7^3 \approx \ldots\ldots$.

$\sqrt[3]{50}$ liegt zwischen 3,68 und 3,69,
da $3{,}68^3 \approx \ldots\ldots$ und $3{,}69^3 \approx \ldots\ldots$.

Dieses etwas mühsame Verfahren mit „Abschätzen und Probieren“ ließe sich natürlich noch beliebig weiterführen. Wir brechen aber hier ab, da wir die gewünschte Genauigkeit von 2 Dezimalen nach dem Komma bereits erreicht haben.

Die gesuchte Zahl $\sqrt[3]{50}$ ist übrigens eine irrationale Zahl – hat also unendlich viele unperiodische Stellen nach dem Komma.
Es gilt allgemein: *Die Wurzel aus einer natürlichen Zahl ist selbst wieder eine natürliche oder eine irrationale Zahl.*

Im letzten Teil dieses Kapitels geht es um eine nochmalige Ausweitung der als Exponenten „zugelassenen“ Zahlen.
Im ersten Schritt hatten wir die Potenzgesetze ausgeweitet von Potenzen a^m mit $a \in \mathbb{R} \setminus \{0\}$ und $m \in \mathbb{Z}$ auf Potenzen $a^{\frac{1}{m}}$ mit $a \in \mathbb{R}^+$ und $m \in \mathbb{N}$.
Wenn wir auch Potenzen mit *rationalen Exponenten* zulassen, müssen wir erklären, was wir unter $a^{\frac{m}{n}}$ verstehen wollen.
Dabei soll gelten: $a \in \mathbb{R}^+$ sowie $m \in \mathbb{Z}$ und $n \in \mathbb{N}$.

Zunächst einmal zerlegen wir den Exponenten der Potenz $a^{\frac{m}{n}}$. Den Bruch $\frac{m}{n}$ können wir als Produkt schreiben: $\frac{m}{n} = \frac{1}{\ldots} \cdot m$ bzw. $\frac{m}{n} = m \cdot \frac{1}{\ldots}$

Mit dieser Zerlegung und dem Satz: *Eine Potenz wird potenziert, indem man die Exponenten* ……………, können wir die Potenz auf zwei verschiedene Arten schreiben:

$$a^{\frac{m}{n}} = \left(a^{\frac{1}{n}}\right)^m \quad \text{bzw.} \quad a^{\frac{m}{n}} = (a^m)^{\frac{1}{n}}$$

In der Wurzelschreibweise sieht das so aus:

$$a^{\frac{m}{n}} = \sqrt[n]{a^m} \quad \text{bzw.} \quad a^{\frac{m}{n}} = \left(\sqrt[n]{a}\right)^m$$

Mithilfe dieser Zerlegung der gebrochenen Hochzahlen werden wir uns deren Bedeutung erklären.

Beispiele

a) $32^{\frac{3}{5}} =$ Wenn wir diese Potenz zunächst so schreiben,
$= \left(32^{\frac{1}{5}}\right)^3 =$ können wir zuerst die Klammer ausrechnen, das heißt, die fünfte Wurzel aus 32 ziehen

$= (2)^3 =$ und anschließend die Klammer auflösen

$= 2 \cdot 2 \cdot 2 =$ 8

$32^{\frac{3}{5}} =$ Wenn wir hier die andere Schreibweise gewählt hätten

$= (32^3)^{\frac{1}{5}} =$ und auch hier zuerst die Klammer ausgerechnet hätten,

$= (32768)^{\frac{1}{5}} =$ um anschließend die fünfte Wurzel zu ziehen, müssten wir mit unnötig großen Zahlen rechnen. Natürlich ergibt sich auch hier wieder:

$= (32768)^{\frac{1}{5}} =$ 8

Die Schlussfolgerung aus diesem Beispiel können wir so zusammenfassen:

> Bei rationalen Hochzahlen:
> Zuerst den Nenner berücksichtigen, dann den Zähler!

b) $125^{\frac{4}{3}} = \left(125^{\frac{1}{3}}\right)^{\dots\dots} = (\dots\dots)^{\dots\dots} = \dots\dots \cdot \dots\dots \cdot \dots\dots \cdot \dots\dots = \dots\dots\dots\dots$

c) Auch negative Exponenten lassen sich leicht „übersetzen"; erinnere dich an die Definition: $a^{-m} = \frac{1}{a^m}$

$$27^{-\frac{2}{3}} = \frac{1}{27^{\frac{2}{3}}} = \frac{1}{\left(27^{\frac{1}{3}}\right)^2} = \frac{1}{\dots\dots^2} = \frac{1}{\dots\dots \cdot \dots\dots} = \frac{1}{\dots\dots}$$

d) $256^{-\frac{5}{4}} = \dfrac{1}{\dots\dots\dots\dots^{\dots\dots}} = \dfrac{1}{\left(\dots\dots\dots\dots^{\dots\dots}\right)^{\dots\dots}} = \dfrac{1}{(\dots\dots)^{\dots\dots}} =$

$$= \frac{1}{\dots\dots \cdot \dots\dots \cdot \dots\dots \cdot \dots\dots \cdot \dots\dots} = \frac{1}{\dots\dots\dots\dots}$$

Nachdem wir nun die Bedeutung rationaler Exponenten geklärt haben, geht es in den nächsten Beispielen und Aufgaben noch einmal um verschiedenartige Schreibweisen, die aber gleiche Bedeutung haben.

Wurzelschreibweisen kann man immer durch Hochzahlschreibweisen ersetzen. Diese Art der „Übersetzung" ist meist dann erforderlich, wenn beide Schreibweisen gemischt vorkommen. Die wichtigsten „Übersetzungen" sind hier zusammengestellt:

- $a^{\frac{1}{n}} = \sqrt[n]{a}$
- $a^{\frac{m}{n}} = \sqrt[n]{a^m} = \left(\sqrt[n]{a}\right)^m = (a^m)^{\frac{1}{n}} = \left(a^{\frac{1}{n}}\right)^m$
- $a^{-\frac{m}{n}} = \dfrac{1}{\sqrt[n]{a^m}} = \dfrac{1}{\left(\sqrt[n]{a}\right)^m} = \dfrac{1}{(a^m)^{\frac{1}{n}}} = \dfrac{1}{\left(a^{\frac{1}{n}}\right)^m}$

Damit wir es nicht bei allen Beispielen und Aufgaben immer wieder von neuem fordern müssen, sollen im Weiteren die Radikanden immer positiv und die Nenner immer ungleich null sein. **Vereinbarung**

Schreibe ohne Wurzelzeichen und fasse zu einem Exponenten zusammen. **Beispiel 1**

a) $\sqrt[m]{z} \cdot \sqrt[n]{z} =$

Definition

$= z^{\frac{1}{m}} \cdot z^{\frac{\dots}{\dots}} =$

Zwei Potenzen mit gleicher Basis werden multipliziert, indem man die Exponenten addiert

$= z^{\frac{1}{m} + \frac{\dots}{\dots}} =$

Erweitern auf den Hauptnenner

$= z^{\frac{1 \cdot n}{m \cdot n} + \frac{\dots}{\dots}} =$

$= z^{\frac{\dots}{m \cdot n}}$

b) $\frac{1}{\sqrt[a]{z}} = \frac{1}{z^{\dots}} = z^{-\dots}$

c) $\sqrt[t]{z^s} : \sqrt[t]{z} = z^{\frac{s}{t}} : z^{\frac{\dots}{\dots}} = z^{\frac{s}{t} \dots} = z^{\frac{\dots}{t}}$

d) $\sqrt[5]{z^{\frac{1}{2}}} = \left(z^{\frac{1}{2}}\right)^{\frac{1}{5}} = z^{\frac{1}{2} \cdot \frac{\dots}{\dots}} = z^{\frac{\dots}{\dots}}$

e) $\sqrt{\sqrt[3]{x^5}} = \sqrt{x^{\frac{5}{3}}} = \left(x^{\frac{5}{3}}\right)^{\dots} = x^{\frac{5}{3} \cdot \frac{\dots}{\dots}} = x^{\frac{\dots}{\dots}}$

Schreibe ohne Wurzelzeichen und fasse zu einer Hochzahl zusammen. (Rechne die Zwischenschritte auf einem Beiblatt und trage hier nur deine Ergebnisse ein.) **Aufgabe B6**

a) $\sqrt[k]{x} = \dots$

b) $\sqrt[2]{x} \cdot \sqrt[3]{x} \cdot \sqrt[6]{x} = \dots$

c) $\frac{1}{\sqrt[m]{x}} = \dots$

d) $\frac{\sqrt[3]{x}}{\sqrt[4]{x}} = \dots$

e) $\sqrt[3]{x} \cdot \sqrt[3]{x^2} = \dots$

f) $\left(\sqrt[a]{x}\right)^b = \dots$

g) $\sqrt[k]{x} \cdot \sqrt[k]{x^m} = \dots$

h) $\sqrt[a]{x}^{\,b} : \sqrt[a]{x^c} = \dots$

i) $\frac{\sqrt[3]{x}}{\sqrt{x} \cdot \sqrt[6]{x}} = \dots$

k) $\sqrt{x^{\frac{1}{3}}} \cdot \sqrt[4]{x^{\frac{1}{3}}} = \dots$

l) $\sqrt[3]{\sqrt{x^7}} = \dots$

Beispiel 2 Mache den Nenner rational und vermeide negative Exponenten. ($a, b, c \in \mathbb{Q}^+$)

Jetzt geht es also um zwei Dinge: Zum einen soll bei den gegebenen Brüchen – nicht bei den Hochzahlen – der Nenner rational gemacht werden und zum anderen sollen die Hochzahlen ohne Minuszeichen geschrieben werden.

a) $\frac{1}{\sqrt{a}}$ bzw. $\frac{1}{a^{\frac{1}{2}}}$

An ähnliche Beispiele kannst du dich sicher erinnern. Sie kamen vor, als die (Quadrat-)Wurzel und damit die irrationalen Zahlen eingeführt wurden. Die Methode zur Lösung war immer die *Erweiterung* des Bruches.

$$\frac{1}{a^{\frac{1}{2}}} = \frac{1 \cdot a^{\frac{1}{2}}}{a^{\frac{1}{2}} \cdot a^{\frac{1}{2}}} = \frac{a^{\frac{1}{2}}}{a^{\frac{1}{2}+\frac{1}{2}}} = \frac{a^{\frac{1}{2}}}{a^1}$$

b) $\frac{1}{a^{\frac{1}{3}}} = \frac{1 \cdot a^{\frac{2}{3}}}{a^{\frac{1}{3}} \cdot a^{\frac{2}{3}}} = \frac{a^{\frac{2}{3}}}{a^{\frac{1}{3}+\frac{2}{3}}} = \frac{a^{\frac{2}{3}}}{\dots\dots}$

c) $\frac{b^{\frac{1}{2}}}{a^{\frac{5}{4}}} = \frac{b^{\frac{1}{2}} \cdot a^{\frac{3}{4}}}{a^{\frac{5}{4}} \cdot a^{\frac{3}{4}}} = \frac{b^{\frac{1}{2}} \cdot a^{\frac{3}{4}}}{a^{\frac{5}{4}+\dots\dots}} = \frac{b^{\frac{1}{2}} \cdot a^{\frac{3}{4}}}{a^{\dots\dots}}$

d) $\sqrt[5]{\frac{a^5}{b^{\frac{1}{2}} \cdot c^3}} = \left(\frac{a^5}{b^{\frac{1}{2}} \cdot c^3}\right)^{\frac{1}{5}} = \frac{a^{5 \cdot \frac{1}{5}}}{b^{\frac{1}{2} \cdot \frac{1}{5}} \cdot c^{3 \cdot \frac{1}{5}}} =$

$$= \frac{a^1}{b^{\frac{1}{10}} \cdot c^{\dots\dots}} =$$

$$= \frac{a \cdot b^{\frac{9}{10}} \cdot c^{\dots\dots}}{b^{\frac{1}{10}} \cdot c^{\dots\dots} \cdot b^{\frac{9}{10}} \cdot c^{\dots\dots}} =$$

$b^{\frac{9}{10}} \cdot c^{\dots\dots}$

$$= \frac{a \cdot b^{\frac{9}{10}} \cdot c^{\dots\dots}}{b^1 \cdot c^1}$$

Aufgabe B7 Mache den Nenner durch geeignetes Erweitern rational. ($x, y, z \in \mathbb{Q}^+$)

a) $\frac{y}{x^{\frac{3}{4}}} = \frac{y \cdot \dots\dots}{x^{\frac{3}{4}} \cdot \dots\dots} = \frac{\dots\dots}{\dots\dots}$

b) $\frac{z^{\frac{2}{5}}}{x^{\frac{5}{2}}} = \frac{\dots\dots \cdot \dots\dots}{\dots\dots \cdot \dots\dots} = \frac{\dots\dots}{\dots\dots}$

c) $\sqrt[3]{\frac{x^2}{y^3 \cdot z^5}} = \left(\frac{x^2}{y^3 \cdot z^5}\right)^{\dots} = \frac{x^{\dots\dots}}{y^{\dots\dots} \cdot z^{\dots\dots}} = \frac{\dots\dots}{\dots\dots}$

d) $\sqrt[3]{\sqrt[2]{\frac{x^6}{y^5}}} = \dots\dots$

Löse die Gleichungen in der Grundmenge $\mathbb{G} = \mathbb{R}^+$. Beispiel 3

a) $x^{\frac{1}{2}} = 3$

Um die Gleichung nach x aufzulösen, müssen wir bei der Variablen x die Hochzahl beseitigen bzw. die Hochzahl 1 herstellen.

$x^{\frac{1}{2}} = 3 \quad |(\ldots)^2$

$\left(x^{\frac{1}{2}}\right)^2 = 3^2$

$x^{\frac{1}{2} \cdot 2} = 3^2 \quad \Rightarrow \quad x = \ldots\ldots$

b) $2x^{\frac{3}{2}} = 16$

Zuerst den x-Term „alleine stellen" – dann die Hochzahl beseitigen.

$2x^{\frac{3}{2}} = 16 \quad |:2$

$x^{\frac{3}{2}} = \ldots\ldots \quad |(\ldots)^{\frac{2}{3}}$

$\left(x^{\frac{3}{2}}\right)^{\frac{2}{3}} = \ldots\ldots^{\frac{2}{3}}$

$\Rightarrow \quad x = \ldots\ldots$

c) $3x^{\frac{1}{4}} = 27x^{\frac{3}{4}}$

Zuerst ordnen: x-Terme zusammenfassen und „alleine stellen" – dann die Hochzahl beseitigen.

$3x^{\frac{1}{4}} = 27x^{\frac{3}{4}} \quad |:x^{\frac{3}{4}}$

$3x^{\frac{1}{4}} : x^{\frac{3}{4}} = 27 \quad |:3$

$x^{\ldots\ldots} = \ldots\ldots \quad |(\ldots)^{-2}$

$\left(x^{\ldots\ldots}\right)^{-2} = \ldots\ldots^{-2}$

$\Rightarrow \quad \ldots\ldots = \ldots\ldots$

Löse die Gleichungen in der Grundmenge $\mathbb{G} = \mathbb{R}^+$. Aufgabe B8

a) $y^{\frac{1}{3}} = 4 \quad |(\ldots)^{\ldots\ldots}$

$\ldots\ldots = \ldots\ldots$

$\ldots\ldots = \ldots\ldots$

b) $5z^{\frac{2}{5}} = 20 \quad |:\ldots\ldots$

$z^{\frac{2}{5}} = \ldots\ldots \quad |(\ldots)^{\ldots\ldots}$

$\ldots\ldots = \ldots\ldots$

$\ldots\ldots = \ldots\ldots$

→

c) $3y^{\frac{1}{3}} = 147 : y^{\frac{1}{6}}$

Löse auf einem Beiblatt und trage hier deine Lösung ein:

$y =$ ....

Bisher haben wir die Potenzgesetze, ausgehend von der Einschränkung der Exponenten auf natürliche Zahlen, auf ganze Zahlen erweitert und schließlich auf rationale Zahlen.
Potenzen können aber auch für irrationale Exponenten so definiert werden, dass die Potenzgesetze weiter gelten! Die Erklärung am Beispiel $5^{\sqrt{2}}$ soll dir dies verständlich machen:

Um einen Zahlenwert für $5^{\sqrt{2}}$ zu finden, können wir vorgehen wie bei der Einführung der Wurzel. „Grob gesagt" liegt $5^{\sqrt{2}}$ zwischen den beiden Werten 5^1 und 5^2. Mit dieser Abschätzung nach dem 2. Monotoniegesetz gilt:

$$5^1 < 5^{\sqrt{2}} < 5^2$$

Da wir $\sqrt{2}$ kennen, können wir die Einschränkung beliebig „eng" machen.

Mit $\sqrt{2} = 1{,}4142135 \ldots$ gilt:

$$5^{1,4} < 5^{\sqrt{2}} < 5^{1,5} \quad \text{bzw.} \quad 5^{\frac{14}{10}} < 5^{\sqrt{2}} < 5^{\frac{15}{10}}$$
$$5^{1,41} < 5^{\sqrt{2}} < 5^{1,42} \quad \text{bzw.} \quad 5^{\frac{141}{100}} < 5^{\sqrt{2}} < 5^{\frac{142}{100}} \quad \text{usw.}$$

Mithilfe dieses Verfahrens können wir den Wert von $5^{\sqrt{2}}$ durch rationale Hochzahlen *beliebig genau* annähern und auf diese Weise definieren.

Diese letzte Erweiterung, die jetzt sicherstellt, dass Potenzen (mit positiver Basis) für alle beliebigen Exponenten definiert sind, war notwendig für das nächste Kapitel. Dort geht es um Potenz*funktionen* und deren Graphen. Und ohne die letzte Erweiterung würden die Graphen der Potenzfunktionen „Löcher" aufweisen.

Potenzfunktionen

C

Nachdem wir im Kapitel B einige Gleichungen – so genannte Potenzgleichungen – gelöst haben, geht es in diesem Kapitel um Potenzfunktionen.

Genauso wichtig und grundsätzlich, wie die Unterscheidung zwischen „quadratischen *Gleichungen*“ und „quadratischen *Funktionen*“ war, so wichtig und grundsätzlich ist es, die beiden Themen Potenz*gleichungen und* Potenz*funktionen* auseinander zu halten.
Bei Gleichungen geht es meist darum, die zugehörigen Lösungsmengen zu bestimmen – bei Funktionen geht es meist darum, die zugehörigen Graphen zu zeichnen.

Nach der Betonung der prinzipiellen Unterschiede darf aber auch der Hinweis auf die jeweiligen Zusammenhänge nicht fehlen. Wenn wir eine quadratische Funktionsgleichung zum Beispiel null setzen, so entsteht eine quadratische Gleichung, mit deren Hilfe wir die Nullstellen der quadratischen Funktion berechnen können. Ähnlich sind wir in diesem Kapitel der Potenzfunktionen auf die erarbeiteten Grundlagen der Potenzgleichungen angewiesen.

Damit wir am Ende dieses Kapitels die Eigenschaften und Gemeinsamkeiten der Potenzfunktionen, die die allgemeine Funktionsgleichung $y = x^r$ haben, zusammenstellen können, wollen wir zunächst einige bereits bekannte Beispiele analysieren.

Im Folgenden zeichnen wir die Graphen einiger dieser Funktionen, untersuchen diese Graphen auf Symmetriebeziehungen und versuchen aus den Graphen dann auch die Lösungen von Potenzgleichungen abzulesen.

Zwei Potenzfunktionen kennst du bereits:

- Die Quadratfunktion mit der Gleichung $y = x^2$ (für $x \geqq 0$) und
- die (Quadrat-)Wurzelfunktion mit der Gleichung $y = \sqrt{x}$ bzw. $y = x^{\frac{1}{2}}$ (für $x \geqq 0$).

Auch die Graphen der beiden Funktionen, die in Figur 24 nochmals gezeichnet sind, hast du bereits kennen gelernt.

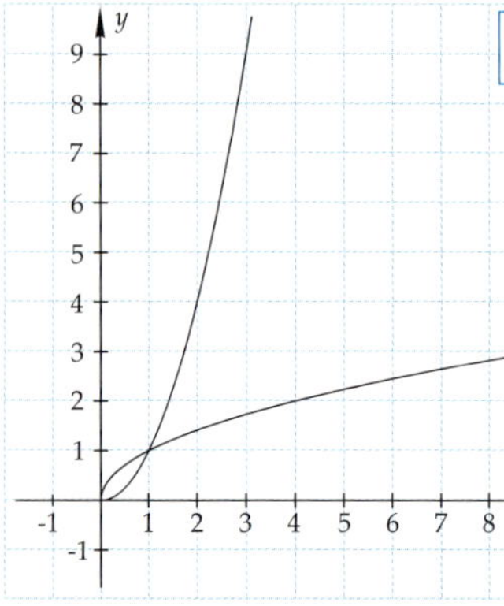

24 Figur

➡ Schreibe in Figur 24 an jeden der beiden Graphen die zugehörige Funktionsgleichung: also entweder $y = x^2$ oder $y = \sqrt{x}$ bzw. $y = x^{\frac{1}{2}}$
Zeichne in die Figur 24 noch die Winkelhalbierende des **I**. Quadranten mit Farbe ein und ergänze dann die folgenden Sätze:

- Die beiden Graphen verlaufen bezüglich der eingezeichneten Gerade .... zueinander.
- Im Bereich $x \geq 0$ ist die Funktion $y = \sqrt{x}$ ....funktion zu $y = x^2$.
- Im Bereich $x \geq 0$ ist die Funktion $y = x^2$ ....funktion zu $y = \sqrt{x}$.

Auf solche Paare von Funktionen und Umkehrfunktionen werden wir noch öfter treffen. Einen ersten Eindruck, wann dies der Fall ist, kannst du schon bekommen, wenn du die Exponenten der Funktionsgleichungen ansiehst:

- Die beiden Exponenten der Funktionsgleichungen $y = x^2$ und $y = x^{\frac{1}{2}}$ sind ....werte zueinander.

Nach diesen Vorbemerkungen zu bereits bekannten Potenzfunktionen gehen wir bei der systematischen Einführung denselben Weg wie bei den Potenzen:

Zunächst werden wir die Potenzfunktionen $y = x^n$ mit $n \in \mathbb{N}$ betrachten; dann soll $n \in \mathbb{Z}$ sein und schließlich werden wir auch rationale Exponenten zulassen.

1. Natürliche Exponenten

Erinnere dich:
Für Bruch- und Wurzelterme gilt ein eingeschränkter Definitionsbereich:

- Bei Bruchtermen darf der Nenner nicht .... sein!
- Bei Wurzeltermen darf der Radikand nicht .... sein!

Da aber bei Potenzfunktionen mit natürlichen Exponenten weder ein Bruch noch ein Wurzelterm auftreten können, gilt für den Definitionsbereich: $\mathbb{D} = \mathbb{R}$

Zeichne dir auf einem karierten Beiblatt ein Koordinatensystem: x-Achse von – 9 bis + 9 und auch y-Achse von – 9 bis + 9; 1 Einheit = 1 cm. Kopiere dies Blatt dreimal, denn du brauchst vier dieser Koordinatensysteme für die Figuren 25, 26, 30 und 31.
Bewahre diese Blätter auf, denn du wirst sie später noch benötigen!

Beispiel 1 Ergänze nun – als kurze Wiederholung – die fehlenden Funktionswerte der Funktion $y = x^2$ in der Tabelle:

x	-3	-2	-1	$-\frac{1}{2}$	0	$\frac{1}{2}$	1	2	3
$y = x^2$				$\frac{1}{4}$	0				

Zeichne in die Figur 25 die Punkte aus der Wertetabelle ein und verbinde sie zur Normalparabel.

Für die nächsten Potenzfunktionen erhöhen wir den Exponenten jeweils um eins. Gib die gesuchten Funktionswerte als Bruchzahlen oder auf zwei Stellen nach dem Komma gerundet an. Die Graphen mit gerader Hochzahl zeichnest du in das Koordinatensystem von Figur 25 ein, die mit ungerader Hochzahl in die Figur 26.

Beispiel 2

Trage die fehlenden Funktionswerte der Funktion $y = x^3$ in die Tabelle ein und achte dabei auf die Vorzeichen:

x	− 2	− 1,5	− 1	− 0,75	− 0,5	0	0,5	0,75	1	1,5	2
$y = x^3$											

Übertrage die Punkte aus der Wertetabelle in die Figur 26 und verbinde sie gleichmäßig miteinander.

Der Graph der Funktion $y = x^3$ heißt **kubische Parabel** oder auch **Parabel dritter Ordnung.**

Beispiel 3

Trage die fehlenden Funktionswerte der Funktion $y = x^4$ in die Tabelle ein und achte wieder auf die Vorzeichen:

x	− 1,7	− 1,5	− 1,2	− 1	− 0,75	0	0,75	1	1,2	1,5	1,7
$y = x^4$				1				1			

Zeichne den zugehörigen Graphen, eine **Parabel vierter Ordnung** bzw. **vierten Grades**, gestrichelt in die Figur 25 ein.

Beispiel 4

Trage nun auch noch die fehlenden Funktionswerte der Funktion $y = x^5$ in die Tabelle ein und achte dabei wieder auf die Vorzeichen:

x	− 1,5	− 1,2	− 1	− 0,75	0	0,75	1	1,2	1,5
$y = x^5$									

Zeichne den zugehörigen Graphen, eine **Parable fünfter Ordnung** bzw. **fünften Grades**, gestrichelt in die Figur 26 ein.

Beim Zeichnen der Graphen dieser Potenzfunktionen sind dir sicher einige Eigenschaften aufgefallen, die für alle Parabeln mit der Funktionsgleichung $y = x^n$ $(x \in \mathbb{R}, n \in \mathbb{N})$ gelten:

- Die Graphen verlaufen in den Bereichen $x < -1$ und $x > 1$ immer *steiler / flacher*, je größer die Hochzahl ist.
- Die Graphen verlaufen im Bereich $-1 < x < 1$ immer *steiler / flacher*, je größer die Hochzahl ist.
- Die Parabeln *gerader / ungerader* Ordnung sind achsensymmetrisch, mit der y-Achse als Symmetrieachse.
- Die Parablen *gerader / ungerader* Ordnung sind punktsymmetrisch, mit dem Achsenschnittpunkt als Symmetriezentrum.

- Alle Parabeln gehen durch die Punkte (........ | ....) und (........ | ....).
- Die Parabeln *gerader / ungerader* Ordnung gehen durch den Punkt (– 1 | 1).
- Die Parabeln *gerader / ungerader* Ordnung gehen durch den Punkt (–1 | – 1).

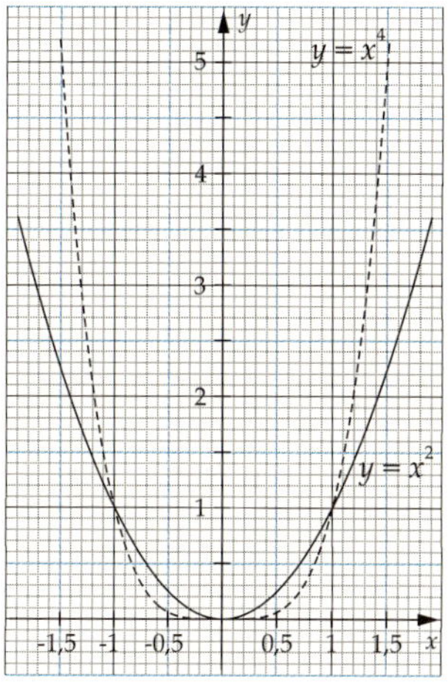

27 Figur

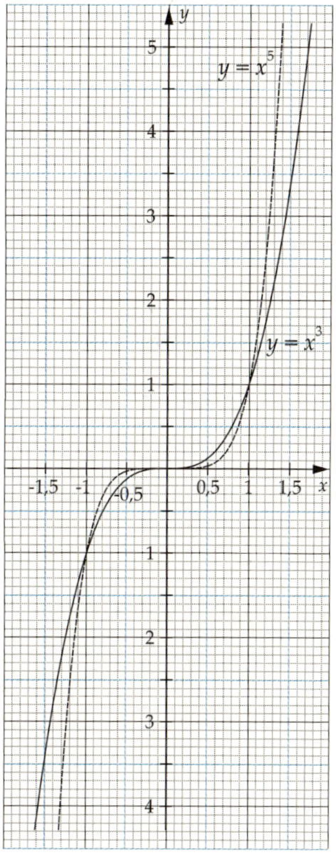

28 Figur

Die im Bereich $-1{,}5 < x < 1{,}5$ sehr eng nebeneinander verlaufenden Parabeln sind in den Figuren 27 und 28 noch einmal in vergrößertem Maßstab gezeichnet. Mithilfe dieser Graphen lassen sich einfache Potenzgleichungen lösen.

Beispiele Lies aus dem entsprechenden Graphen in Figur 27 bzw. 28 die Lösung der jeweiligen Gleichung ab.

a) $x^3 = 2{,}2$

In Worten: Welche Zahl ergibt dreimal mit sich selbst multipliziert den Wert 2,2?

Verwende zur geometrischen Lösung die nichtgestrichelte Parabel in Figur 28.

➡ Suche auf der y-Achse den Wert 2,2;
➡ gehe parallel zur x-Achse zur Parabel;
➡ lies die zugehörige x-Koordinate ab und trage sie als Lösung hier ein:

$x \approx$ ....

b) $x^4 = -0{,}5$
Verwende zur Lösung die gestrichelte Parabel in Figur 27.

Wenn du auf der y-Achse zum Wert $-0{,}5$ den zugehörigen Parabelpunkt bzw. dessen x-Koordinate suchst, stellst du fest:

- Die Gleichung $x^4 = -0{,}5$ hat .... Lösung, denn die entsprechende Funktionsgleichung $y = x^4$ hat keine *positiven / negativen* Funktionswerte.

Aufgaben C1

Löse die Gleichungen mithilfe der entsprechenden Parabeln in den Figuren 27 und 28.

a) $x^2 = 1{,}5$
Mithilfe des Graphen der Funktion $y = x^{\cdots\cdots}$ ergibt sich: $x \approx$ ....

b) $x^5 = -4$
Mithilfe des Graphen der Funktion $y = x^{\cdots\cdots}$ ergibt sich: $x \approx$ ....

C2

Zeichne in das Koordinatensystem der Figur 29 den qualitativen Verlauf der Graphen zu den gefragten Funktionen ein.

„Qualitativer Verlauf" bedeutet, dass in deiner Lösung der prinzipielle Unterschied zwischen den beiden Graphen deutlich werden soll. Die fehlenden Einheiten auf den Achsen des Koordinatensystems deuten schon darauf hin, dass du keine Wertetabelle anlegen bzw. auch keine Funktionswerte ausrechnen sollst.

a) $y = x^6$ (durchgezogene Linie)

b) $y = x^7$ (gestrichelte Linie)

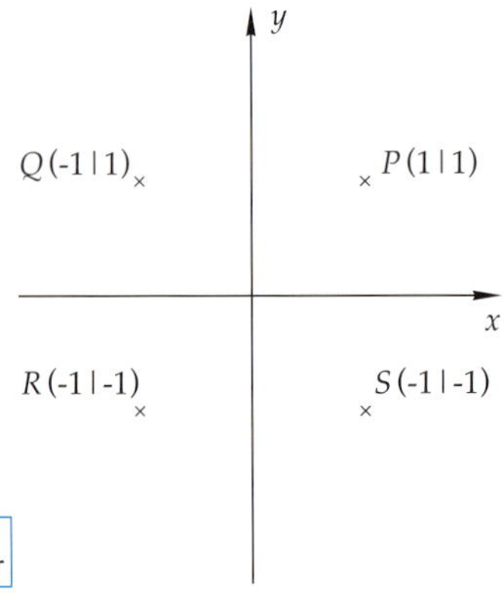

29
Figur

2. Ganzzahlige Exponenten

Wenn wir jetzt bei Potenzfunktionen $y = x^z$ den Bereich der Exponenten auf ganze Zahlen erweitern ($z \in \mathbb{Z}$), kommen die negativen Exponenten -1; -2; -3; -4; ... hinzu.

Erinnere dich:
Potenzen mit negativer Hochzahl lassen sich umschreiben: $x^{-m} = \frac{\ldots\ldots}{\ldots\ldots}$

Da Potenzen mit negativen Hochzahlen gleichbedeutend sind mit Brüchen, müssen wir in solchen Fällen den Definitionsbereich einschränken.

Bei Potenzfunktionen mit negativen ganzzahligen Exponenten, $y = x^{-m}$, gilt für den Definitionsbereich: $\mathbb{D} = \mathbb{R} \setminus \{0\}$

Auch bei den Potenzfunktionen mit negativen Hochzahlen gibt es wieder einen grundsätzlichen Unterschied zwischen den Graphen mit geradzahligen Exponenten und denen mit ungeradzahligen Exponenten. Deshalb sollen jeweils zwei Vertreter dieser Graphen wieder in ein vorbereitetes Koordinatensystem (Figur 30 bzw. 31) gezeichnet werden. Die Bestimmung der jeweiligen Funktionswerte erfolgt wieder in getrennten Tabellen, denn für jede Tabelle wurden die x-Werte jeweils so gewählt, dass sich die y-Werte meist *ohne* Taschenrechner ermitteln lassen.

Beispiel 1 Trage die fehlenden Funktionswerte der Funktion $y = x^{-1}$ bzw. $y = \frac{1}{x}$ in die Tabelle ein:

x	-9	-3	-2	-1	$-\frac{3}{4}$	$-\frac{1}{2}$	$-\frac{1}{4}$	$-\frac{1}{9}$	$\frac{1}{9}$	$\frac{1}{4}$	$\frac{1}{2}$	$\frac{3}{4}$	1	2	3	9
$y = \frac{1}{x}$																

Zeichne in Figur 30 die Punkte aus der Wertetabelle und verbinde sie auf beiden Seiten der y-Achse.

Der Graph der Potenzfunktion $y = x^{-n}$ mit $n \in \mathbb{N}$ heißt **Hyperbel n-ter Ordnung** bzw. **Hyperbel n-ten Grades**.

Beispiel 2 Trage nun die fehlenden Funktionswerte der Funktion $y = x^{-2}$ bzw. $y = \frac{1}{x^2}$ in die Tabelle ein:

x	-9	-3	-2	-1	$-\frac{3}{4}$	$-\frac{1}{2}$	$-\frac{1}{3}$	$\frac{1}{3}$	$\frac{1}{2}$	$\frac{3}{4}$	1	2	3	9
$y = \frac{1}{x^2}$														

Zeichne in Figur 31 die Punkte aus der Wertetabelle und verbinde sie auf beiden Seiten der y-Achse zur *Hyperbel zweiter Ordnung*.

Beispiel 3

Jetzt kommt wieder eine Potenzfunktion mit ungerader Hochzahl: Trage die fehlenden Funktionswerte der Funktion $y = x^{-3}$ bzw. $y = \frac{1}{x^3}$ in die Tabelle ein:

x	-9	-2	-1	$-0,8$	$-0,5$	$0,5$	$0,8$	1	2	9
$y = \frac{1}{x^3}$										

Zeichne in Figur 30 die Punkte aus dieser Wertetabelle und verbinde sie auf beiden Seiten der y-Achse zur *Hyperbel dritter Ordnung*.

Beispiel 4

Die letzte Tabelle musst du für die Funktion $y = x^{-4}$ bzw. $y = \frac{1}{x^4}$ erstellen:

x	-9	-2	-1	$-0,8$	$-0,6$	$0,6$	$0,8$	1	2	9
$y = \frac{1}{x^4}$										

Zeichne in Figur 31 die Punkte aus dieser Wertetabelle und verbinde sie auf beiden Seiten der y-Achse zur *Hyperbel vierter Ordnung*.

Nach diesem großen Stück Arbeit sollst du die beiden Figuren 30 und 31 neben das Buch legen. Prüfe nach, ob du alle vier gezeichneten Graphen beschriftet hast – das heisst, ob du die Funktionsgleichungen jeweils an die Hyperbeln geschrieben hast.
Mithilfe dieser Graphen wird es dir sicher gelingen, die Eigenschaften für Hyperbeln mit der Funktionsgleichung $y = x^{-n}$ $(x \in \mathbb{R}\setminus\{0\}, n \in \mathbb{N})$ zusammenzustellen:

- Alle Hyperbeln gehen durch den Punkt (........ | ....).
- Die Hyperbeln *gerader / ungerader* Ordnung gehen durch den Punkt $(-1 \mid 1)$.
- Die Hyperbeln *gerader / ungerader* Ordnung gehen durch den Punkt $(-1 \mid -1)$.
- Die Hyperbeln *gerader / ungerader* Ordnung sind achsensymmetrisch, mit der y-Achse als Symmetrieachse.
- Die Hyperbeln *gerader / ungerader* Ordnung sind punktsymmetrisch, mit dem Achsenschnittpunkt als Symmetriezentrum.

Wenn sich der Graph einer Funktion immer mehr einer Geraden nähert (an eine Gerade „anschmiegt"), ohne sie zu schneiden, nennt man diese Gerade **Asymptote**.

Für alle Hyperbeln sind die Koordinatenachsen Asymptoten.

Aufgabe C3 Zeichne in das Koordinatensystem der Figur 32 den qualitativen Verlauf der Graphen zu den gefragten Funktionen ein.

a) $y = x^{-5}$ (durchgezogene Linie) b) $y = x^{-6}$ (gestrichelt)

3. Rationale Exponenten

Nun zur vorletzten Erweiterung des Bereichs für die Exponenten. Wenn wir bei den Potenzfunktionen $y = x^q$ den Bereich der Exponenten auf rationale Zahlen erweitern ($q \in \mathbb{Q}$), kommen auch Brüche als Exponenten infrage.

Zur Erinnerung:
Für Potenzen mit rationalen Exponenten kennst du verschiedene Schreibweisen:

$x^{\frac{z}{n}} = \sqrt[n]{x^z} = \left(\sqrt[n]{x}\right)^z$ mit $z \in \mathbb{Z}$ und $n \in \mathbb{N}$

Die Erweiterung auf rationale Exponenten macht eine Einschränkung der Definitionsmenge notwendig.

- Bei negativen Exponenten lassen sich die Potenz als Brüche schreiben, daher darf die Basis x nicht .... sein.
- Die Umformulierung der Potenzen mit rationalen Exponenten in die Wurzelschreibweise legt es nahe, dass die Basis x nicht .... sein darf.

Nun noch ein Zusammenhang, den wir verallgemeinern wollen:

- Zur Funktion $y = x^2$ ist $y = x^{\frac{1}{2}}$ die ....funktion für $\mathbb{D} = \mathbb{R}_0^+$.

Die Verallgemeinerung, die anschließend bewiesen wird, lautet:

- Zur Funktion $y = x^n$ mit $n \in \mathbb{N}$ ist $y = x^{\frac{1}{n}}$ die Umkehrfunktion im Bereich $\mathbb{D} = \mathbb{R}_0^+$.

Wie du aus Kapitel A weißt, erhält man die Gleichung der Umkehrfunktion, wenn man bei der Funktionsgleichung die beiden Variablen vertauscht und die so entstandene Gleichung nach y auflöst.
Dieses Verfahren klappt aber nur dann, wenn die Funktion selbst umkehrbar eindeutig ist. Diese Voraussetzung ist dadurch erfüllt, dass wir den Definitionsbereich auf $\mathbb{R}^+$ eingeschränkt haben.

Funktion: $y = x^n$

Vertauschen: $x = y^n$ $\quad | \, (\ldots)^{\frac{1}{n}}$

Auflösen: $x^{\frac{1}{n}} = (y^n)^{\frac{1}{n}}$

Umkehrfunktion: $x^{\frac{1}{n}} = y$ bzw. $y = x^{\frac{1}{n}}$

Die Symmetrie zwischen Funktion und Umkehrfunktion können wir uns oft zunutze machen. Gerade bei Potenzfunktionen mit rationalen Exponenten

können wir bei der Erstellung der Wertetabellen und Graphen häufig auf frühere Funktionen zurückgreifen.

$y = x^{\frac{1}{3}}$ Beispiel 1

Da wir wissen, dass $y = x^{\frac{1}{3}}$ die Umkehrfunktion zu $y = x^3$ ist, können wir die zu $y = x^3$ gehörende Wertetabelle von Seite 37 benützen. Dort hast du für den Bereich $\mathbb{D} = \mathbb{R}_0^+$ erhalten:

x	0	0,5	0,75	1	1,5	2
$y = x^3$	0	0,13	0,42	1	3,38	8

Um die Wertetabelle der Umkehrfunktion zu $y = x^3$ zu erhalten, müssen wir wieder die Zeilen vertauschen:

x	0	0,13	0,42	1	3,38	8
$y = x^{\frac{1}{3}}$						

Nimm jetzt das von dir angelegte Koordinatensystem der Figur 26 und

➡ zeichne die zur obigen Wertetabelle gehörenden Punkte ein und verbinde sie miteinander.

- Die beiden Graphen der Funktionen $y = x^3$ und $y = x^{\frac{1}{3}}$ verlaufen im Bereich $x \in \mathbb{R}_0^+$ .... zur Winkelhalbierenden des **I.** Quadranten.

➡ Zeichne die Gerade $y = x$ mit Farbe in die Figur 26 ein. (Vergleiche im Lösungsteil Figur 26a.)

$y = x^{-\frac{1}{2}}$ Beispiel 2

Wenn du nicht gleich erkennst, zu welcher Funktion diese Umkehrfunktion gehört, kannst du die Funktion folgendermaßen ermitteln:

➡ Vertausche wieder die Variablen x und y und löse nach y auf.

Ausgehend von der Funktion kann man so immer die Umkehrfunktion ermitteln.
Ausgehend von der Umkehrfunktion kann man so immer die ursprüngliche Funktion ermitteln.

Umkehrfunktion: $y = x^{-\frac{1}{2}}$

Vertauschen: $x = y^{-\frac{1}{2}}$ $\quad |(\ldots)^{-2}$

Auflösen: $x^{-2} = \left(y^{-\frac{1}{2}}\right)^{-2}$

Funktion: $x^{-2} = y$ bzw. $y = x^{-2}$

Die Wertetabelle zu dieser Funktion hast du auf Seite 40 aufgestellt. Für den Bereich $\mathbb{D} = \mathbb{R}^+$ hattest du erhalten:

x	$\frac{1}{3}$	$\frac{1}{2}$	$\frac{3}{4}$	1	2	3	9
$y = \frac{1}{x^2}$	9	4	$\frac{16}{9}$	1	$\frac{1}{4}$	$\frac{1}{9}$	$\frac{1}{81}$

Um die Wertetabelle der zugehörigen Umkehrfunktion $y = x^{-\frac{1}{2}}$ zu erhalten, müssen wir wieder die Zeilen vertauschen:

x	9	4	$\frac{16}{9}$	1	$\frac{1}{4}$	$\frac{1}{9}$	$\frac{1}{81}$
$y = x^{-\frac{1}{2}}$							

Nimm jetzt das von dir erstellte Koordinatensystem der Figur 31 und

➡ zeichne die zur obigen Wertetabelle gehörenden Punkte ein und verbinde sie miteinander.

- Die beiden Graphen der Funktionen $y = x^{-2}$ und $y = x^{-\frac{1}{2}}$ verlaufen für $x \in \mathbb{R}^+$ .... zur Winkelhalbierenden des **I.** Quadranten.

➡ Zeichne die Gerade $y = x$ mit Farbe ein. (Vergleiche im Lösungsteil Figur 31 a.)

Den Zusammenhang zwischen den Graphen einer Funktion und der zugehörigen Umkehrfunktion kannst du dir leicht klarmachen:

Wenn du die Blätter mit den Figuren 25, 26, 30 und 31 umdrehst und so gegen das Licht hältst, dass

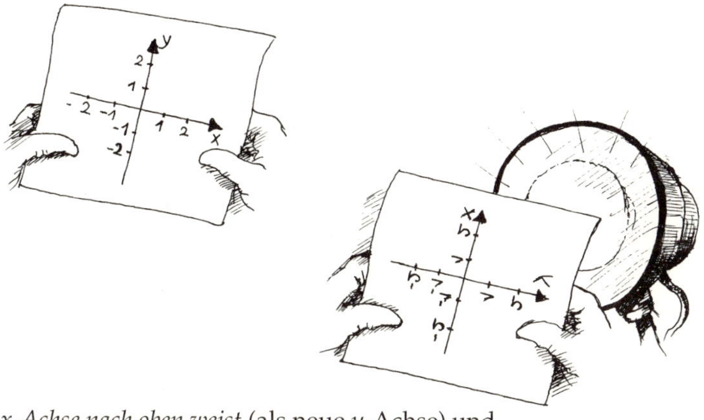

die positive x-Achse nach oben weist (als neue y-Achse) und
die positive y-Achse nach rechts weist (als neue x-Achse),

dann gilt für die durchscheinenden Graphen:

- Der Graph der Funktion $y = x^2$ scheint durch als Graph der Funktion $y = x^{\frac{1}{2}}$ und umgekehrt. (Vergleiche mit Figur 14.)
- Der Graph der Funktion $y = x^3$ scheint durch als Graph der Funktion $y = x^{\cdots}$ und umgekehrt.

usw.

- Der Graph der Funktion $y = x^{-2}$ scheint durch als Graph der Funktion $y = x^{\cdots}$ und umgekehrt.
- Der Graph der Funktion $y = x^{-3}$ scheint durch als Graph der Funktion $y = x^{\cdots}$ und umgekehrt.

usw.

Wenn man den Graphen einer Funktion gezeichnet hat, sieht man den Graphen der Umkehrfunktion durchscheinen, wenn man das Blatt wendet und um 90° dreht!

Beispiel 3

$y = x^{\frac{2}{3}}$

Bei der Aufstellung der Wertetabelle für diese Funktion können wir auf bereits erstellte Tabellen zurückgreifen, wenn wir die Funktionsgleichung etwas anders schreiben:

$$y = x^{\frac{2}{3}} \quad \Leftrightarrow \quad y = \left(x^{\frac{1}{3}}\right)^2$$

Bei dieser Schreibweise wird deutlich, dass wir die Funktionswerte der *Zwischenfunktion* $y = x^{\frac{1}{3}}$ noch quadrieren müssen, um die gesuchten Werte für die Funktion $y = x^{\frac{2}{3}}$ zu erhalten:

x	0	0,13	0,42	1	3,38	8
$y = x^{\frac{1}{3}}$	0	0,5	0,75	1	1,5	2
$y = \left(x^{\frac{1}{3}}\right)^2$	0	0,25				

➡ Trage die ermittelten Punkte (0 | 0), (0,13 | 0,25), (0,42 | ....), (1 | ....) (3,38 | ....) und (8 | ....) in eine Achsenkreuz-Kopie als „Figur 33“ ein und zeichne den gesuchten Graphen.

Beispiel 4

$y = x^{\frac{3}{2}}$

Auch bei dieser Funktion können wir die Hochzahl auf zwei verschiedene Arten schreiben und damit die Funktionswerte ermitteln.

➜

1. Weg: $y = x^{\frac{3}{2}} \quad \Leftrightarrow \quad y = \left(x^{\frac{1}{2}}\right)^3$

Hier könntest du auf die Wertetabelle der Funktion $y = x^{\frac{1}{2}}$ zurückgreifen und diese Funktionswerte jeweils noch ....mal mit sich selbst multiplizieren.

2. Weg:

Da $y = x^{\frac{3}{2}}$ aber auch die ....funktion zu $y = x^{\frac{2}{3}}$ ist, kannst du in diesem Fall auch auf die Wertetabelle des Beispiels 3 zurückgreifen:

x	0	0,13	0,42	1	3,38	8
$y = x^{\frac{2}{3}}$	0	0,25	0,56	1	2,25	4

Hieraus ergibt sich:

x	0	0,25	0,56			
$y = x^{\frac{3}{2}}$	0	0,13	0,42			

➡ Zeichne den Graphen der Funktion $y = x^{\frac{3}{2}}$ in die Figur 33 ein. (Vergleiche im Lösungsteil Figur 33a.)

Zusammenfassung

Nimm jetzt noch einmal die Blätter der

- Figur 25 mit den Graphen der Funktionen
  $y = x^2;\ y = x^4;$
- Figur 26 mit den Graphen der Funktionen
  $y = x^3;\ y = x^5;\ y = x^{\frac{1}{3}};$ (im Lösungsteil: Figur 26a)
- Figur 30 mit den Graphen der Funktionen
  $y = x^{-1},\ y = x^{-3};$
- Figur 31 mit den Graphen der Funktionen
  $y = x^{-2};\ y = x^{-4};\ y = x^{-\frac{1}{2}}$ (im Lösungsteil: Figur 31a)
- sowie die Figur 33 mit den Graphen der Funktionen
  $y = x^{\frac{2}{3}};\ y = x^{\frac{3}{2}}$ (im Lösungsteil: Figur 33a)
- und die Figur 24 mit den Graphen
  $y = x^2;\ y = x^{\frac{1}{2}}.$

Vergleiche nun den Verlauf dieser Graphen. Dahinter stehen jeweils Potenzfunktionen mit der allgemeinen Funktionsgleichung $y = x^r$, mit $x \in \mathbb{R}^+$ und $r \in \mathbb{Q} \setminus \{0\}$.

Nach diesem Vergleich kannst du in folgender Tabelle die notwendigen Entscheidungen treffen. Unter den jeweiligen Bedingungen für die Variable

x (→) und für den Exponenten r (↓) sollst du den darüber stehenden Satz jeweils ergänzen.

Die Graphen der Potenzfunktionen $y = x^r$ verlaufen ...

für → und ↓	$0 < x < 1$	$x > 1$
$r > 1$	... *oberhalb / unterhalb* der Geraden $y = x$. z. B.: $y = x^2$; $y =$	... *oberhalb / unterhalb* der Geraden $y = x$. z. B.: $y = x^2$; $y =$ ....
$0 < r < 1$	... *oberhalb / unterhalb* der Geraden $y = x$. z. B.: $y = x^{\frac{1}{2}}$; $y =$	... *oberhalb / unterhalb* der Geraden $y = x$. z. B.: $y = x^{\frac{1}{2}}$; $y =$ ....
$r < 0$	... *oberhalb / unterhalb* der Geraden $y = x$. z. B.: $y = x^{-3}$; $y =$	... *oberhalb / unterhalb* der Geraden $y = x$. z. B.: $y = x^{-3}$; $y =$ ....

4. Reelle Exponenten

Da wir am Ende von Kapitel B die Potenzgesetze auf reelle Zahlen ausgeweitet hatten, können wir für die Potenzfunktionen feststellen:

Für die Graphen von Potenzfunktionen $y = x^r$ mit reellen Exponenten gelten dieselben Feststellungen, wie wir sie soeben für die Potenzfunktionen mit rationalen Exponenten getroffen haben!

Damit kannst du den qualitativen Verlauf der Graphen von Potenzfunktionen mit irrationalen Exponenten skizzieren.

Aufgabe C4

Skizziere den qualitativen Verlauf der Graphen für $x > 0$ im gemeinsamen Koordinatensystem von Figur 34.

a) $y = x^{\sqrt{2}}$

b) $y = x^{\frac{1}{\sqrt{2}}}$

c) $y = x^{-\sqrt{2}}$

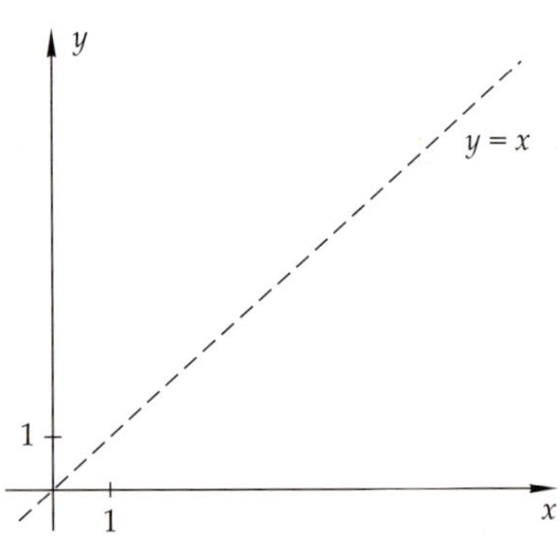

34 Figur

D

Exponential- und Logarithmusfunktionen

Bevor wir zwei neue Arten von Funktionen behandeln, sehen wir uns zuerst ein Beispiel aus der Natur und ein Beispiel aus der Technik an. Hier gewinnen wir bereits wichtige Erkenntnisse, die wir bei den „mathematischen" Funktionen wiederfinden werden.

Wachstumskurve

Der Algenbewuchs in einem See verdreifacht sich pro Jahr, seit von den angrenzenden Feldern durch den Regen bzw. über Abwässer viele Nährstoffe (Phosphate) in den See gelangen.
Mithilfe einer Tabelle und eines Graphen können wir uns das Wachstum veranschaulichen. Zu Beginn unserer Beobachtungen (wir setzen hierfür die Zeit auf null) ist 1 Quadratmeter mit Algen bedeckt. In jedem Jahr verdreifacht sich die Algenfläche.

Jahre	0	1	2	3	4	5
Fläche in m^2	1	3	9			

mal 3 mal 3 mal 3 mal 3 mal 3

Ergänze die Tabelle:

35 Figur

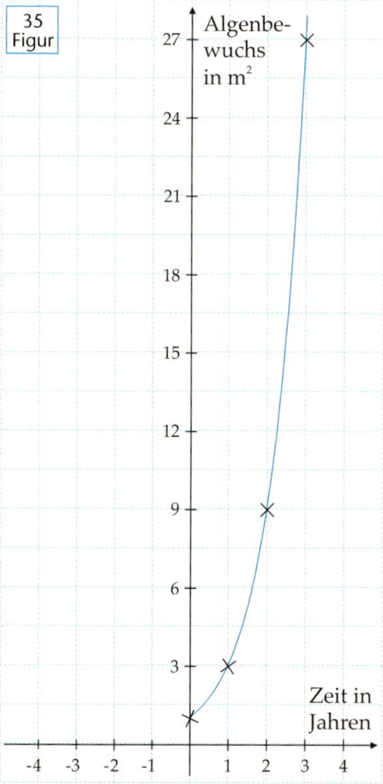

Diese Wertetabelle können wir uns in einem Graphen veranschaulichen. Da das Wachstum so „extrem schnell" geht bzw. die Kurve so „steil nach oben" geht, können wir hier aus Platzgründen nur einen Teil der Wertetabelle als Graphen darstellen.

Wenn die Wachstumsentwicklung schon vor dem Beobachtungsbeginn nach derselben Gesetzmäßigkeit verlaufen ist wie für $t \geqq 0$, können wir die Kurve auch nach „links" fortsetzen. Dabei bedeutet -1 auf der Zeitachse: ein Jahr *vor* Beobachtungsbeginn.

Ergänze die fehlenden Tabellenwerte:

Jahre	0	−1	−2	−3	−4
bedeckte Fläche in m^2	1	$\frac{1}{3}$			

:3 :3 :3 :3

Trage die zugehörigen Punkte in Figur 35 ein – soweit dies möglich ist. Verbinde sie miteinander und achte darauf, dass die Kurve die Zeitachse nicht berührt!

Zerfallskurve

In der Diskussion um Kernkraftwerke oder im Physikunterricht hast du vielleicht schon den Begriff „Halbwertszeit" gehört. Die Halbwertszeit gibt die Zeitspanne an, nach deren Verlauf von der zu einem bestimmten Zeitpunkt vorhandenen Menge eines radioaktiven Stoffes nur noch die Hälfte vorhanden ist. Die andere Hälfte hat sich während der Halbwertszeit verändert, beispielweise durch Umwandlung in ein anderes Element beim radioaktiven Zerfall. So bedeutet zum Beispiel die Halbwertszeit von 1600 Jahren bei Radium, dass nach dem Verlauf von jeweils 1600 Jahren die Stoffmenge durch radioaktiven Zerfall (unter Abgabe von Strahlung) halbiert wird.

Ergänze die fehlenden Tabellenwerte:

Jahre	0	1600	3200	4800	6400
vorhandene Stoffmenge in g	1000	500			

:2 :2 :2 :2

Diese Wertetabelle können wir uns wieder mit einem Graphen (Figur 36) veranschaulichen.

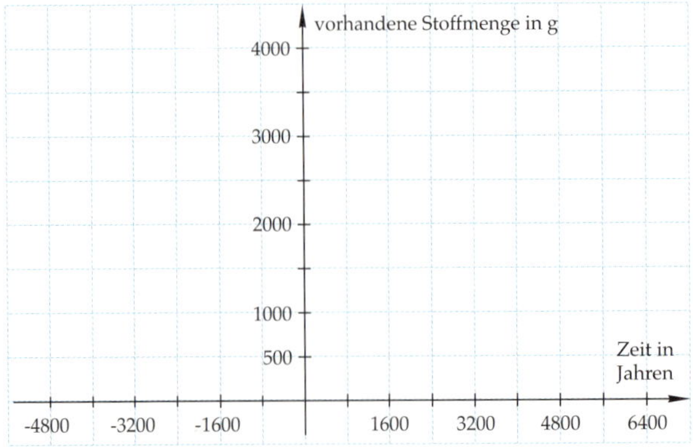

36 Figur

Da die Gesetze der Halbwertszeit auch für die Zeit vor unserem Beobachtungsbeginn gelten, können wir die Kurve wieder nach „links" fortsetzen.

Ergänze die fehlenden Tabellenwerte:

Jahre	0	– 1600	– 3200	– 4800	– 6400
vorhandene Stoffmenge in g	1000				

$\cdot 2$ $\quad\cdot 2$ $\quad\cdot 2$ $\quad\cdot 2$

Zeichne die zugehörigen Punkte in die Figur 36 ein – soweit dies möglich ist – und verbinde sie mit dem bereits gezeichneten Graphen.

1. Exponentialfunktionen

Die beiden Beispiele aus Natur und Technik haben dir einen ersten Eindruck über den Verlauf der Graphen von Exponentialfunktionen gegeben.

Exponentialfunktionen haben die allgemeine Gleichung: $y = a^x$

Während wir bei der Exponentialfunktion $y = a^x$ für die Definitionsmenge $\mathbb{D} = \mathbb{R}$ setzen können, müssen wir die *Basis* einschränken: $a \in \mathbb{R}^+$

Da der Radikand nicht negativ sein darf, wäre zum Beispiel für $x = \frac{1}{2}$ der Term $a^{\frac{1}{2}}$ bzw. $\sqrt{a}$ nicht definiert, wenn die Basis a negativ wäre.

Erkennst du den Unterschied zu den Potenzfunktionen?

- Bei Potenzfunktionen steht die Variable x als *Basis / Exponent*.
- Bei Exponentialfunktionen steht die Variable x als *Basis / Exponent*.

Die Graphen der Exponentialfunktionen lassen sich in zwei Gruppen einteilen, wobei diese Einteilung von der Basis a abhängt. Die Unterschiede und Gemeinsamkeiten wirst du anhand von einem Beispiel und drei Aufgaben erkennen.

Die Wertetabellen und die zugehörigen Graphen sind auch deshalb wichtig, weil wir im zweiten Teil dieses Kapitels die Umkehrfunktion zur Exponentialfunktion kennen lernen werden.

$y = \left(\frac{1}{3}\right)^x$

Beispiel 1

Berechne die fehlenden Funktionswerte und trage sie ein; zur Kontrolle sind zwei Werte bereits angegeben:

x	– 4	– 3	– 2	– 1	0	1	2	3	4
$y = \left(\frac{1}{3}\right)^x$	81								$\frac{1}{81}$

Übertrage die zugehörigen Punkte in ein neu zu zeichnendes Koordinatensystem als „Figur 37". Wähle auf der x-Achse 1 cm für eine Einheit und auf der y-Achse 1 cm für 4 Einheiten. Wenn du unten auf einer DIN-A 4-Seite mit der waagrechten x-Achse beginnst, kannst du auch den höchstgelegenen Punkt bei $(-4\,|\,81)$ noch einzeichnen.
Verbinde alle Punkte gleichmäßig miteinander und zeichne die Kurve so, dass sie die x-Achse weder schneidet noch berührt. Lass die Kurve enden, wenn die Zeichengenauigkeit nicht mehr ausreicht.

Die Beschriftung des gezeichneten Graphen mit seiner Funktionsgleichung $y = \left(\frac{1}{3}\right)^x$ ist wichtig, weil noch drei weitere Graphen in dies Koordinatensystem eingezeichnet werden.

$y = \left(\frac{1}{2}\right)^x$

Aufgabe D1

Auch bei dieser Aufgabe geht es wie bei dem vorausgegangenen Beispiel um den Graphen dieser Exponentialfunktion.

Berechne die fehlenden Funktionswerte und trage sie ein:

x	– 5	– 4	– 3	– 2	– 1	0	1	2	3	4	5
$y = \left(\frac{1}{2}\right)^x$	32										

Zeichne – soweit möglich – den zugehörigen Graphen gestrichelt in das Koordinatensystem von Figur 37 und beschrifte auch diesen Graphen mit seiner Funktionsgleichung.

Auch in den folgenden beiden Aufgaben geht es nochmal darum, Graphen von Exponentialfunktionen zu zeichnen. Überlege dir schon mal bei der Erstellung der Wertetabellen und beim Zeichnen der Graphen, woher die deutlichen Unterschiede zu den bereits gezeichneten Graphen kommen.

Aufgaben

D2 $y = 2^x$

Berechne die fehlenden Funktionswerte:

x	-5	-4	-3	-2	-1	0	1	2	3	4	5
$y = 2^x$	$\frac{1}{32}$										

Zeichne auch diesen Graphen – soweit möglich – in das Koordinatensystem der Figur 37 und vergiss die Beschriftung nicht.

D3 $y = 3^x$

Berechne die fehlenden Funktionswerte und zeichne den zugehörigen Graphen gestrichelt in Figur 37:

x	-4	-3	-2	-1	0	1	2	3	4
$y = 3^x$	$\frac{1}{81}$								

Nach den vier von dir gezeichneten Graphen sollst du die gewonnenen Erkenntnisse in den folgenden Sätzen festhalten, die für Exponentialfunktionen $y = a^x$ (mit $x \in \mathbb{R}$ und $a \in \mathbb{R}^+$) gelten. Einige dieser Sätze besagen zwar mathematisch dasselbe, aber es ist wichtig, dass du hinter den verschiedenen Formulierungen den gemeinsamen Inhalt erkennst.

- Alle Funktionswerte der Exponentialfunktionen sind *positiv / negativ.*
- Alle Exponentialfunktionen haben den Wertebereich $\mathbb{W}$ = ...
- Alle Graphen der Exponentialfunktionen verlaufen *oberhalb / unterhalb* der x-Achse.
- Für $x = 0$ haben alle Exponentialfunktionen den Funktionswert y = ...
- Alle Graphen der Exponentialfunktionen gehen durch den Punkt (........ | ....).
- Alle Graphen der Exponentialfunktionen haben die x-Achse als .... (das fehlende Wort wurde auf Seite 41 eingeführt).
- Für $a > 1$ werden die Funktionswerte bei steigenden x-Werten immer *größer / kleiner.*
- Für $0 < a < 1$ werden die Funktionswerte bei steigenden x-Werten immer *größer / kleiner.*
- Die Graphen von zwei Exponentialfunktionen $y = a^x$ und $y = b^x$ mit $a = \frac{1}{6}$ (Kehrwert) verlaufen achsen .... zueinander, mit der y-Achse als ....

Die vier Graphen von Exponentialfunktionen reichen aus, um die Besonderheiten der Graphen – im Vergleich zu den Graphen der Potenzfunktionen – zu verstehen.

Auch in der Umgangssprache haben die Exponentialfunktionen Eingang gefunden:
Wenn etwas sehr schnell ansteigt, spricht man von einem „exponentiellen" Anstieg.
Wenn etwas sehr schnell abfällt, spricht man von einem „exponentiellen" Abfall.

Mithilfe der in Figur 37 gezeichneten Graphen kannst du auch einfache Exponentialgleichungen lösen. Hierbei kommt es nicht so sehr auf große Genauigkeit an, die sich schon wegen des Maßstabs von Figur 37 ausschließt, sondern vielmehr auf das Prinzip.

Beispiele

a) $2^{4,7} = ?$

Suche in Figur 36 auf der x-Achse den Wert 4,7;
gehe von dort senkrecht nach „oben" bis zum Graphen der Exponentialfunktion $y =$ ....

und lies die zugehörige y-Koordinate ab: $2^{4,7} \approx$ ....

b) $20 = \left(\frac{1}{3}\right)^x$

Suche in Figur 37 auf der ....-Achse den Wert 20;
gehe von dort „waagrecht" bis zum Graphen der Exponentialfunktion
$y =$ ....

und lies die zugehörige x-Koordinate ab: $20 = \left(\frac{1}{3}\right)^x \quad \Rightarrow \quad x \approx$ ....

Aufgabe D4

Löse auch die folgende Aufgabe mithilfe der Graphen von Figur 37.

a) $\left(\frac{1}{2}\right)^{-2,5} \approx$ .... b) $15 = 2^x \quad \Rightarrow \quad x \approx$ ....

Bei der Zusammenstellung der Eigenschaften der Graphen von Exponentialfunktionen haben wir für die Basen – die immer positiv sein müssen – zwischen den Fällen unterschieden, dass $a > 1$ bzw. dass $a < 1$ ist. Welcher Graph ergibt sich eigentlich, wenn a nicht größer oder kleiner als eins, sondern gleich eins ist?

Sonderfall Zu den Exponentialfunktionen gehört für $a = 1$ auch der Sonderfall $y = 1^x$.

Hier sieht die Wertetabelle allerdings „einfach" aus. Ergänze die fehlenden Funktionswerte:

x	−5	−4	−3	−2	−1	0	1	2	3	4	5
$y = 1^x$											

Die zu dieser Tabelle gehörenden Punkte liegen alle auf einer .... zur x-Achse.

Als kleines Fazit aus diesem Kapitel sollst du eine Potenzfunktion und eine Exponentialfunktion vergleichen.

Von den Potenzfunktionen $y = x^a$ nehmen wir als Beispiel: $y = x^5$;
von den Exponentialfunktionen $y = a^x$ nehmen wir als Beispiel: $y = 5^x$.

Beide Funktionsgleichungen schauen ja verflixt ähnlich aus – die beiden Graphen unterscheiden sich aber erheblich! Beide Graphen sind sehr steil und wir werden sie auch nicht zeichnen. Aber wenn wir für x große Zahlen einsetzen, wachsen die Funktionswerte sehr unterschiedlich. Überzeuge dich davon mithilfe einer Wertetabelle, die du natürlich nur mit Unterstützung deines Taschenrechners ausfüllen kannst:

x	0	1	1,76	2	3	4	5	6	…	9
$y = x^5$									…	
$y = 5^x$									…	

Wenn du die Tabelle betrachtest, siehst du, dass anfänglich die Funktionswerte der ....funktion größer sind, bis sie beim x-Wert .... nahezu gleich sind. Bis zum x-Wert 5 sind dann die Funktionswerte der ....funktion größer und für $x = 5$ ergeben sich sowieso dieselben Werte. Anschließend aber, wenn die x-Werte größer als 5 sind, überwiegen immer deutlicher die Funktionswerte der ....funktion.

Wenn du dir das ganze als „Wettrennen" vorstellst, wobei x für die Zeit steht und y für den zurückgelegten Weg, dann wechselt die „Führung" zwischen den beiden Funktionen anfangs, bis sich die Exponentialfunktion „an die Spitze setzt, die Führung nicht mehr abgibt und der Abstand immer größer wird".

Insgesamt gilt, dass Exponentialfunktionen – mit einer Basis größer als eins – von allen Funktionen, die du kennen lernen wirst, die steilsten Graphen für große x-Werte besitzen.

2. Logarithmusfunktionen

Die Überschrift deutet schon an, dass wir uns noch einmal mit einer neuen Funktion beschäftigen werden. Diese neue Funktion mit dem Namen **Logarithmusfunktion** hängt aber stark mit der Exponentialfunktion zusammen – sie ist deren Umkehrfunktion. Gesucht ist also die *Umkehrfunktion zu* $y = a^x$.

Bei der Herleitung gehen wir nicht von der allgemeinen Exponentialfunktion aus, sondern von einem Beispiel, dessen Graphen wir bereits gezeichnet haben.

Umkehrfunktion zu $y = 2^x$

In Figur 38 findest du als Zeichnungsvorlage den Graphen der Funktion $y = 2^x$ noch einmal gezeichnet. Wenn du diesen Graphen mit der Merkregel von Seite 14 vergleichst, erkennst du, dass die Funktion umkehrbar eindeutig ist, denn nicht nur jede Parallele zur y-Achse, sondern auch jede Parallele zur x-Achse schneidet den Graphen höchstens einmal. Deshalb können wir zur Funktion $y = 2^x$ auch den Graphen der zugehörigen Umkehrfunktion zeichnen.

- Wir erhalten den *Graphen* der Umkehrfunktion wieder durch

  .... des Graphen der Funktion $y = 2^x$ an der Winkelhalbierenden des **I.** und **III.** Quadranten.

- Die *Gleichung* dieser Umkehrfunktion erhalten wir durch

  .... der beiden Variablen x und y und anschließendes Auflösen nach y:

Funktion	$y = 2^x$
Vertauschen	$x = 2^y$

Zwar können wir diese Gleichung noch nicht auflösen, aber den zugehörigen Graphen können wir zeichnen. Für das Zeichnen stehen uns zwei verschiedene Methoden zur Verfügung.

1. Weg: Spiegle in Figur 38 mithilfe des Geodreiecks genügend Punkte des Graphen der Funktion $y = 2^x$, damit du den Graphen der Umkehrfunktion zeichnen kannst.

2. Weg: Mithilfe der Wertetabelle der Funktion $y = 2^x$ (auf der nächsten Seite) kannst du durch Vertauschen die Wertetabelle der Umkehrfunktion aufstellen.

x	-5	-4	-3	-2	-1	0	1	2	3	4	5
$y = 2^x$	$\frac{1}{32}$	$\frac{1}{16}$	$\frac{1}{8}$	$\frac{1}{4}$	$\frac{1}{2}$	1	2	4	8	16	32

↓ ↓ ↓ ↓ ↓ ↓ ↓ ↓ ↓ ↓ ↓

x^*	$\frac{1}{32}$	$\frac{1}{16}$	$\frac{1}{8}$	$\frac{1}{4}$	$\frac{1}{2}$	1	2	4	8	16	32
y^* bzw. $x = 2^y$											

Übertrage die zugehörigen Punkte soweit möglich in das Koordinatensystem der Figur 38 und verbinde sie miteinander.

!

Um die Funktionsgleichung des soeben gezeichneten Graphen angeben zu können, müssen wir eine Schreibweise finden, die es uns ermöglicht, die Gleichung $x = 2^y$ nach y aufzulösen.

Da x die unabhängige Variable ist, lautet die Frage zur gesuchten Gleichung:

Wie lautet die Hochzahl y, die zur Basis 2 einen gegebenen Potenzwert x liefert?

Um zu einer Antwort zu gelangen, soll diese Frage für ein konkretes Beispiel beantwortet werden.

Beispiel

Lies aus der Figur 38 die Antwort auf folgende Frage ab: *Wie lautet die Hochzahl, die zur Basis 2 den Potenzwert 12 liefert?*

- Suche in Figur 38 auf der x-Achse den Wert 12;
- gehe von dort senkrecht nach „oben“ bis zu dem von dir gezeichneten Graphen mit der Gleichung $x = 2^y$ und
- lies die zugehörige y-Koordinate ab. Damit gilt: $12 = 2^y \quad \Rightarrow \quad y \approx$ ....

Damit haben wir für dieses Beispiel die Antwort auf unsere Frage gefunden.

Für die Funktionsgleichung, die zu dem von dir in Figur 38 gezeichneten Graphen gehört, hat man eine mathematisch kurze Formulierung gesetzt.

Die Umkehrfunktion von $y = 2^x$ lautet: $y = \log_2 x$

lies: *y ist der **Logarithmus** von x zur Basis zwei.*

Oder ausführlich: *y ist die Hochzahl, mit der man die Basis 2 potenzieren muss, um x zu erhalten:* $x = 2^y$

Wenn du dir sowohl die Definition als auch die Wortformulierungen einprägst, wirst du mit den Aufgaben gut zurechtkommen.

Mit dieser neuen Logarithmusschreibweise können wir zu *jeder* Exponentialfunktion die zugehörige Umkehrfunktion schreiben.

Funktion	$y = a^x$
Vertauschen	$x = a^y$ mit $a \in \mathbb{R}^+ \setminus \{1\};\ x \in \mathbb{R}^+$
Umkehrfunktion	$y = \log_a x$

$\log_a x$ ist die eindeutig bestimmte Zahl y, mit der man a potenzieren muss, um x zu erhalten; mit $x \in \mathbb{R}^+$ und $a \in \mathbb{R}^+ \setminus \{1\}$:

$$x = a^y \quad \Leftrightarrow \quad \log_a x = y$$

a heißt **Basis**; x heißt **Numerus** oder auch **Argument**, y heißt **Wert des Logarithmus**.

Beachte:

- Wenn beiden Seiten einer Gleichung mit derselben Hochzahl versehen werden, heißt dieser Schritt **potenzieren.**
- Wenn beide Seiten einer Gleichung als Hochzahl derselben Basis geschrieben werden, heißt dieser Schritt **exponentiieren.**

Logarithmen und Exponentiieren bzw. Potenzieren und Logarithmieren sind also „umgekehrte Rechenarten", die sich „aufheben", wenn man sie nacheinander ausführt.

Beim Auflösen von Exponentialgleichungen können wir damit schreiben:

$$x = a^y \quad | \log_a$$ (beide Seiten der Gleichung werden als Argument des Logarithmus mit der Basis a geschrieben)

$$\log_a x = \log_a a^y$$
$$\log_a x = y$$

Bei der letzten Umformung kam zum Tragen, dass sich das Potenzieren (a^y) und das Logarithmieren ($\log_a$) – bei jeweils gleicher Basis – aufheben:

$$\log_a a^y = y$$

Auch die *Umkehrung*, wenn also eine Logarithmusgleichung aufgelöst werden muss, basiert darauf, dass sich Logarithmieren und Exponentiieren aufheben:

$$\log_a x = y \quad | a^{\cdots}$$ (beide Seiten der Gleichung werden als Hochzahl zur Basis a geschrieben)

$$a^{\log_a x} = a^y$$
$$x = a^y$$

Um diese Umformungen und verschiedenen Schreibweisen in den Griff zu bekommen, hier einige Beispiele und Aufgaben.

Beispiele

a) Zur Exponentialfunktion $y = 2^x$ gehört das Zahlenpaar $x = 4$ und $y = 16$.

Dies bedeutet
in der Exponentialschreibweise: $16 = 2^4$
bzw. in der Logarithmusschreibweise: $\log_2 16 = 4$

Für die beiden Schreibweisen gilt: $16 = 2^4 \quad \Leftrightarrow \quad \log_2 16 = 4$

b) Das zur Exponentialfunktion $y = 2^x$ gehörende Zahlenpaar $x = -3$ und $y = \frac{1}{\dots\dots}$ bedeutet

in der Exponentialschreibweise: $\frac{1}{\dots\dots} = 2^{-3}$

bzw. in der Logarithmusschreibweise: $\log_2 \frac{1}{\dots\dots} = -3$

Für die beiden Schreibweisen gilt: $\frac{1}{\dots\dots} = 2^{-3} \quad \Leftrightarrow \quad \log_2 \frac{1}{\dots\dots} = -3$

Auch die nächsten Aufgaben beziehen sich auf die Figur 38 bzw. auf die zugehörigen Wertetabellen der Funktionen $y = 2^x$ und $y = \log_2 x$, die ja Umkehrfunktionen zueinander sind.

Aufgaben

D5 Forme die Exponentialgleichung in eine Logarithmusgleichung um:

a) $8 = 2^3 \quad \Leftrightarrow \quad \log_{\dots} \dots\dots = \dots\dots$

b) $32 = 2^5 \quad \Leftrightarrow \quad \log_{\dots} \dots\dots = \dots\dots$

c) $4 = 2^2 \quad \Leftrightarrow \quad \log_{\dots} \dots\dots = \dots\dots$

d) $2 = 2^1 \quad \Leftrightarrow \quad \log_{\dots} \dots\dots = \dots\dots$

e) $\frac{1}{2} = 2^{-1} \quad \Leftrightarrow \quad \log_{\dots} \dots\dots = \dots\dots$

f) $\frac{1}{16} = 2^{-4} \quad \Leftrightarrow \quad \log_{\dots} \dots\dots = \dots\dots$

D6 Schreibe die Logarithmusgleichung als Exponentialgleichung:

a) $\log_2 64 = 6 \quad \Leftrightarrow \quad \dots\dots = 2^{\dots\dots}$

b) $\log_2 16 = 4 \quad \Leftrightarrow \quad \dots\dots = 2^{\dots\dots}$

c) $\log_2 1 = 0 \quad \Leftrightarrow \quad \dots\dots = 2^{\dots\dots}$

d) $\log_2 \frac{1}{4} = -2 \quad \Leftrightarrow \quad \dots\dots = 2^{\dots\dots}$

e) $\log_2 \frac{1}{32} = -5 \quad \Leftrightarrow \quad \dots\dots = 2^{\dots\dots}$

Bei der nächsten Aufgabe geht es wieder um die „Übersetzung“ einer Logarithmusgleichung in eine Exponentialgleichung. Dabei taucht aber bereits in der Logarithmusgleichung eine Lücke auf und die Basis wurde von zwei auf drei verändert.

Aufgabe D7

Bestimme den fehlenden Logarithmus und die zugehörige Exponentialgleichung:

a) $\log_3 9 = \ldots\ldots \quad \Leftrightarrow \quad \ldots\ldots = 3^{\ldots\ldots}$

b) $\log_3 81 = \ldots\ldots \quad \Leftrightarrow \quad \ldots\ldots = 3^{\ldots\ldots}$

c) $\log_3 3 = \ldots\ldots \quad \Leftrightarrow \quad \ldots\ldots = 3^{\ldots\ldots}$

d) $\log_3 1 = \ldots\ldots \quad \Leftrightarrow \quad \ldots\ldots = 3^{\ldots\ldots}$

e) $\log_3 \frac{1}{27} = \ldots\ldots \quad \Leftrightarrow \quad \ldots\ldots = 3^{\ldots\ldots}$

f) $\log_3 \frac{1}{3} = \ldots\ldots \quad \Leftrightarrow \quad \ldots\ldots = 3^{\ldots\ldots}$

Diese letzte Aufgabe war bereits eine Hinführung zum nächsten Beispiel dafür, wie eine Exponentialfunktion in eine Logarithmusfunktion umgeschrieben wird.

Umkehrfunktion zu $y = 3^x$

In Figur 39 (nächste Seite) ist der Graph der Funktion $y = 3^x$ noch einmal gezeichnet. Mit der Logarithmusdefinition können wir die Gleichung der zugehörigen Umkehrfunktion finden.

Funktion $\quad y = 3^x$

Vertauschen

$x = 3^y \qquad | \log_3$

$\log_3 x = \log_3 3^y$

Auflösen $\quad \log_3 x = \ldots\ldots \qquad$ bzw.

Umkehrfunktion $\quad y = \ldots\ldots\ldots\ldots$

Da der Maßstab der Figur 39 relativ klein ist, lohnt es nicht, die Wertetabelle der Funktion $y = 3^x$ „umzuschreiben", nur um damit dann den Graphen der Funktion $y = \log_3 x$ zu zeichnen.
Zum Zeichnen der Graphen von Logarithmusfunktionen $y = \log_a x$ genügt es, dass du dir folgende Eigenschaften klarmachst, die du aus den Graphen der Exponentialfunktionen erkennen kannst. (Wieder geht es um die Zusammenhänge zwischen Funktion und Umkehrfunktion.)

- Da für die Exponentialfunktionen $\mathbb{D} = \mathbb{R}$ und $\mathbb{W} = \mathbb{R}^+$ gilt, gilt für die Logarithmusfunktionen $\mathbb{D} = \ldots\ldots$ und $\mathbb{W} = \ldots\ldots$.
- Da die Graphen der Exponentialfunktionen oberhalb der x-Achse verlaufen, verlaufen die Graphen der Logarithmusfunktionen *links/rechts* von der y-Achse.
- Da bei allen Exponentialfunktionen zu $x = 0$ der Funktionswert $y = 1$ gehört, haben die Logarithmusfunktionen für $x = 1$ den Funktionswert $y = \ldots\ldots$.

➜

- Damit gehen alle Graphen der Logarithmusfunktionen durch den Punkt (........ | ....).
- Da für die Graphen der Exponentialfunktionen die x-Achse eine Asymptote ist, haben die Graphen der Logarithmusfunktionen die ....-Achse als Asymptote.

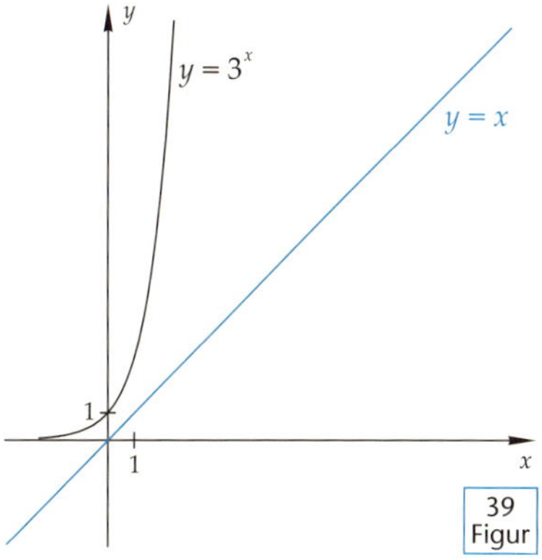

39 Figur

➡ Zeichne nun in die Figur 39 den Graphen zu $y = \log_3 x$ als Umkehrfunktion zu $y = 3^x$; beachte bei dieser qualitativen Zeichnung die festgestellten Eigenschaften.
Wenn du einige Punkte des bereits vorhandenen Graphen an der Winkelhalbierenden spiegelst, kannst du leicht den gesuchten Graphen zeichnen.

Umkehrfunktion zu $y = \left(\frac{1}{2}\right)^x$

Stelle die Gleichung der zur Funktion $y = \left(\frac{1}{2}\right)^x$ gehörenden Umkehrfunktion auf:

Funktion	$y = \left(\frac{1}{2}\right)^x$	
Vertauschen		
	.... $= \left(\frac{1}{2}\right)^{.....}$	$\mid \log_{\frac{1}{2}}$
	$\log_{\frac{1}{2}}$ .... $= \log_{\frac{1}{2}}$	
Auflösen	.... = ...	bzw.
Umkehrfunktion	y = ...	

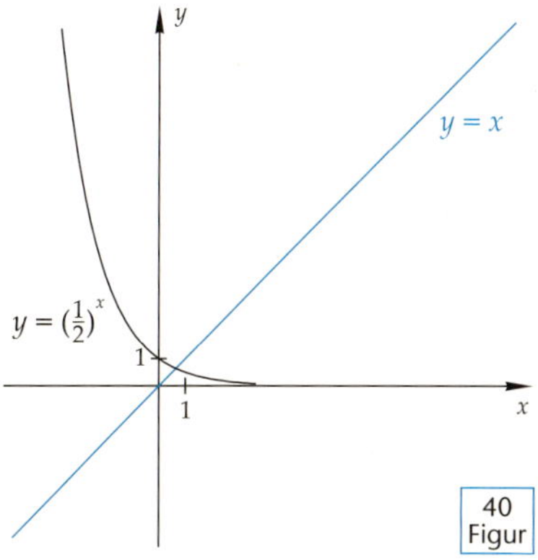

40 Figur

In Figur 40 ist der Graph der Funktion $y = \left(\frac{1}{2}\right)^x$ noch einmal gezeichnet.

➡ Ergänze in dieser Figur den qualitativen Verlauf des Graphen der Umkehrfunktion $y = \log_{\frac{1}{2}} x$, indem du wieder einige Punkte an der Winkelhalbierenden spiegelst.

Damit hast du die Graphen der wichtigsten Logarithmusfunktionen und deren Eigenschaften kennen gelernt.
An eine dieser Eigenschaften musst du dich auch dann erinnern, wenn du nach der Definitionsmenge gefragt wirst: Bisher bist du es gewohnt, auf Einschränkungen bei der Definitionsmenge zu achten, wenn *Bruch*terme oder *Wurzel*terme auftauchen. Zusätzlich musst du jetzt auch auf *Logarithmus*terme achten, wenn nach der Definitionsmenge gefragt ist.

Hier die Zusammenstellung, worauf du achten musst, wenn nach der Definitionsmenge gefragt ist:

Wortformulierung	Kurzschreibweise
• Bei einem *Bruchterm* darf der Nenner nicht null sein	für $\frac{a}{b}$ gilt: $b \neq 0$!
• Bei einem *Wurzelterm* darf der Radikand nicht negativ sein!	für $\sqrt{c}$ gilt: $c \geqq 0$!
• Bei einem *Logarithmusterm* muss der Numerus bzw. das Argument positiv sein!	für $\log_e d$ gilt: $d > 0$!

Auch die Umkehrung dieser Feststellung erleichtert dir oft die Antwort auf die Frage nach der Definitionsmenge:

Falls weder Bruch noch Wurzel oder Logarithmus auftauchen, gilt immer: $\mathbb{D} = \mathbb{R}$

E Rechnen mit Logarithmen

Nun sollst du einfache Logarithmenterme berechnen bzw. als Potenzen umschreiben. Du wirst aber auch Rechenregeln kennen lernen, die dir helfen, Exponential- und Logarithmusgleichungen zu lösen.

Wenn die Zahlen a und b gegeben sind, kannst du den zugehörigen Zahlwert $\log_a b$ bestimmen bzw. der Größe nach abschätzen.

Beispiele 1 Bestimme den Wert folgender Logarithmen:

a) $\log_2 8 = ?$
Wie lautet der Exponent x zur Basis 2, damit 2^x den Wert 8 ergibt?

Mit dieser gesuchten Zahl, die du sicher erkannt hast, gilt: $\log_2 8 = \ldots\ldots$

Wie bereits im Kapitel D2 geübt, könntest du die Logarithmusgleichung auch als Exponentialgleichung schreiben:

$$\log_2 8 = x \quad \Leftrightarrow \quad 8 = 2^x$$

Da man die Zahl 8 auch als 2er Potenz schreiben kann:

$$8 = 2^{\ldots\ldots} = 2^x$$

lässt sich x bestimmen.

- Da die Basen gleich sind, müssen auch die Exponenten gleich sein!

Also folgt hier: $x = \ldots\ldots$

- Wenn wir den Numerus als Potenz der Logarithmusbasis schreiben können, löst sich der Logarithmus auf: $\log_2 8 = \log_2 2^3 = 3$
- Denn „Logarithmieren und Exponentiieren heben sich auf".

b) $\log_3 81 = ?$ $\qquad \log_3 81 = \log_3 3^{\ldots\ldots} = \ldots\ldots$

c) $\log_{\frac{1}{2}} 32 = ?$ $\qquad \log_{\frac{1}{2}} 32 = \log_{\frac{1}{2}} \left(\frac{1}{2}\right)^{\ldots\ldots} = \ldots\ldots$

d) $\log_{\frac{1}{3}} \frac{1}{27} = ?$ $\qquad \log_{\frac{1}{3}} \frac{1}{27} = \log_{\frac{1}{3}} \left(\frac{1}{3}\right)^{\ldots\ldots} = \ldots\ldots$

e) $\log_5 5 = ?$ $\qquad \log_5 5 = \log_5 5^{\ldots\ldots} = \ldots\ldots$

f) $\log_5 \sqrt{125} = ?$ $\qquad \log_5 \sqrt{125} = \log_5 \sqrt{5^3} = \log_5 5^{\frac{3}{\ldots\ldots}} = \ldots\ldots$

g) $\log_a \frac{1}{\sqrt{a}} = ?$ $\qquad \log_a \frac{1}{\sqrt{a}} = \log_a \frac{1}{a^{\ldots\ldots}} = \log_a a^{\ldots\ldots} = \ldots\ldots$

Löse die Gleichungen mit $x \in \mathbb{D} = \mathbb{R}^+$.

Beispiele 2

(Als Hilfsmittel können dir dabei die Logarithmusfunktionen bzw. die zugehörigen Werttabellen des letzten Kapitels oder auch die Umformung der Logarithmusgleichung in eine Exponentialgleichung dienen.)

a) $\log_2 x = 5$

Lösung durch Umformung: $\log_2 x = 5 \quad | 2^{\cdots}$

$2^{\log_2 x} = 2^5$

$x = \ldots\ldots$

b) $\log_5 x = 0$

Lösung durch Umformung: $\log_5 x = 0 \quad | 5^{\cdots}$

$5^{\log_5 x} = 5^0$

$\ldots\ldots = \ldots\ldots$

c) $\log_3 x = -4$

Lösung durch Umformung: $\log_3 x = -4 \quad | \ldots\ldots^{\cdots}$

$\ldots\ldots^{\log_3 x} = \ldots\ldots^{-4}$

$\ldots\ldots = \ldots\ldots$

Aufgaben

E1

Berechne.

(Nimm für die Zwischenschritte ein Beiblatt und trage hier nur deine Ergebnisse ein.)

a) $\log_3 27 = \ldots\ldots$

b) $\log_5 625 = \ldots\ldots$

c) $\log_4 \frac{1}{16} = \ldots\ldots$

d) $\log_{\frac{1}{4}} \frac{1}{16} = \ldots\ldots$

e) $\log_a a = \ldots\ldots$

f) $\log_a 1 = \ldots\ldots$

E2

Löse die Gleichungen mit $x \in \mathbb{D} = \mathbb{R}^+$.

a) $\log_6 x = -2 \quad \Rightarrow \quad x = \ldots\ldots$

b) $\log_{27} x = \frac{1}{3} \quad \Rightarrow \quad x = \ldots\ldots$

c) $\log_a x = 1 \quad \Rightarrow \quad x = \ldots\ldots$

d) $\log_{16} x = -\frac{1}{4} \quad \Rightarrow \quad x = \ldots\ldots$

e) $\log_{\frac{1}{3}} x = 4 \quad \Rightarrow \quad x = \ldots\ldots$

f) $\log_{\frac{1}{32}} x = \frac{1}{5} \quad \Rightarrow \quad x = \ldots\ldots$

Natürlicher Logarithmus oder auch EULER'scher Logarithmus

Für die Basis $e = 2{,}71828\ldots$ sind die folgenden Schreibweisen gleichbedeutend:

$\log_e a = \ln a$

$a = e^x \quad \Leftrightarrow \quad x = \ln a$

$55 \approx e^4 \quad \Leftrightarrow \quad 4 \approx \ln 55$

Hierzu eine grobe Abschätzung:

$2^4 = 16$ und $3^4 = 81$; die Zahl 55 liegt zwischen 16 und 81. Daraus folgt, dass die Zahl e zwischen 2 und 3 liegen muss.

Es gibt die Möglichkeit, einen gegebenen Logarithmus zu einer bestimmten Basis in eine andere Basis umzurechnen.

Basisumrechnung

$$\log_c a = \frac{\log_b a}{\log_b c}$$

Wenn man zum Beispiel den Logarithmuswert $\ln 50 = 3{,}9120$ mit der Basis e in einen Zehnerlogarithmus umrechnen will, also lg 50 gesucht ist, braucht man für die Umrechnung den Wert $\ln 10 = 2{,}3026$

Mit anderen Worten:

Man braucht von der neuen Basis 10 den Logarithmus zur alten Basis e.

Damit gilt: $\lg 50 = \dfrac{\ln 50}{\ln 10} \approx \dfrac{3{,}9120}{2{,}3026} \approx$ ....

Exponential- und Logarithmus-gleichungen

F

Bei den nun folgenden Aufgabentypen steht die Variable hinter dem Logarithmuszeichen bzw. im Exponenten. Da die Gleichungen nach der Variablen aufgelöst werden sollen, müssen wir sie auf bisher bekannte Gleichungen – also lineare oder auch quadratische Gleichungen – zurückführen.

1. Logarithmusgleichungen

Beispiel 1

Bestimme die Definitions- und Lösungsmenge der Gleichung:
$\lg(7-x) + \lg(x+3) = \lg(2x+6)$

$\mathbb{D}$: Für jeden vorkommenden Logarithmusterm gilt, dass der Numerus bzw. das Argument .... sein muss! (Vergleiche die Merkregeln am Ende von Kapitel D.)
Deshalb müssen für die obige Gleichung drei Bedingungen erfüllt sein:

$7 - x > 0$	$\Rightarrow$	$7 > x$ bzw. $x < 7$	**I**
$x + 3 > 0$	$\Rightarrow$	$x >$	**II**
$2x + 6$	$\Rightarrow$	$2x$	
	$\Rightarrow$	x	**III**

Wir müssen nun überlegen, für welchen Bereich der reellen Zahlen alle drei Bedingungen erfüllt sind. Als Hilfsmittel können wir bei den Überlegungen die Zahlengerade und die Mengenpfeile verwenden:

➡ Ergänze in Figur 41 den Mengenpfeil für die Bedingung **III** und schraffiere den Bereich, in dem sich alle drei Mengenpfeile überlagern.

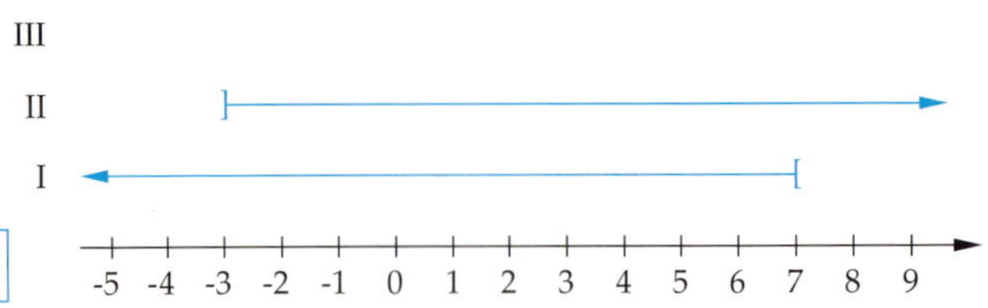

41 Figur

Im schraffierten Bereich sind dann alle drei Bedingungen erfüllt. Für die Definitionsmenge gilt damit:

$\mathbb{D} = \{x \mid$ .... $< x <$ ....$\}$

$\mathbb{L}$: Um die Gleichung nach der Variablen x auflösen zu können, müssen wir das Logarithmuszeichen beseitigen. Dazu werden wir die linke Seite der

Gleichung unter einem Logarithmuszeichen zusammenfassen:

$$\lg(7-x) + \lg(x+3) = \lg(2x+6)$$

$$\lg[(7-x)\cdot(x+3)] = \lg(2x+6) \qquad |\,10^{\cdots}$$

$$10^{\lg[(7-x)\cdot(x+3)]} = 10^{\lg(2x+6)}$$

$$(7-x)\cdot(x+3) = \ldots\ldots\ldots\ldots$$

$$7x + 21 \ldots\ldots\ldots\ldots = \ldots\ldots\ldots\ldots \qquad |-2x \quad -6$$

$$-x^2 \ldots\ldots\; x \ldots\ldots\ldots = 0$$

Berechne die Lösungen dieser quadratischen Gleichung auf einem Beiblatt:

$\Rightarrow \quad x_1 = \ldots\ldots$ und $x_2 = \ldots\ldots$

Wieder ist es zur Bestimmung der Lösungsmenge notwendig, die Probe zu machen.

Es ist sinnvoll, zuerst die beiden Lösungen der quadratischen Gleichung mit der Definitionsmenge zu vergleichen und die Probe dann nur für solche Werte durchzuführen, die in der Definitionsmenge liegen.

In unserem Fall liegt $x_1 = -3$ nicht in der Definitionsmenge und kann daher auch nicht in der Lösungsmenge liegen.

Falls du diesen Blick in die Definitionsmenge versäumt hast, ergibt die Gleichung

$$\lg(7-x) + \lg(x+3) = \lg(2x+6)$$

bei der Probe für $x_1 = -3$: $\lg(7-(-3)) + \lg(-3+3) \stackrel{?}{=} \lg(2\cdot(-3)+6)$

$$\lg 10 \quad + \lg 0 \quad \stackrel{?}{=} \lg 0$$

nicht definiert

Damit gilt: $x_1 \notin \mathbb{L}$, weil $x_1 \notin \mathbb{D}$!

Probe für $x_2 = 5$: $\lg(7-5) + \lg(5+3) \stackrel{?}{=} \lg(2\cdot 5+6)$

$$\lg 2 \quad + \quad \lg 8 \stackrel{?}{=} \lg 16$$

$\lg(2\cdot 8) \stackrel{!}{=} \lg 16$ **wahr** Damit gilt: $x_2 \in \mathbb{L}$

Als Lösungsmenge ergibt sich: $\mathbb{L} = \{5\}$

Beispiel 2 $\quad \lg x + 3\cdot\lg 2 - \lg(x-1) = \lg 2x$

$\mathbb{D}$: $x > 0$ **I**

$x - 1 > 0 \quad \Rightarrow \quad x \ldots\ldots\;\ldots\ldots$ **II**

$2x > 0 \quad \Rightarrow \quad x \ldots\ldots\;\ldots\ldots$ **III**

Alle drei Bedingungen sind erfüllt für: $\mathbb{D} = \{x \mid x \text{ ....}\}$

$\mathbb{L}$: Der einzige Hinderungsgrund, warum wir die linke Seite der obigen Gleichung nicht sofort unter einem Logarithmuszeichen zusammenfassen können, ist der Faktor 3 vor dem zweiten Logarithmusterm. Ein Faktor vor dem Logarithmuszeichen lässt sich aber als Exponent umschreiben:

$$\lg x + 3 \cdot \lg 2 - \lg(x-1) = \lg 2x$$

$$\lg x + \lg 2^3 - \lg(x-1) = \lg 2x$$

$$\lg \frac{x \cdot 2^3}{x-1} = \lg 2x \qquad | \, 10^{\cdots}$$

$$\frac{x \cdot 2^3}{x-1} = 2x \qquad | \cdot (x-1)$$

$$x \cdot 8 = \text{............................}$$

Löse diese quadratische Gleichung auf einem Beiblatt:

$\Rightarrow \quad x_1 = \text{........} \quad$ und $\quad x_2 = \text{........}$

Da die Lösung $x_{.....}$ nicht in der Definitionsmenge liegt, musst du die Probe (auf einem Beiblatt) nur für $x_{.....}$ durchführen.

Damit ergibt sich: $\mathbb{L} = \{\text{........}\}$

Zusammenfassung

Die meisten Logarithmusgleichungen lassen sich mit folgenden Schritten lösen:

1. Beachte, dass alle Logarithmusargumente positiv sein müssen und nimm als Definitionsmenge deshalb den Durchschnitt der Definitionsmengen der einzelnen Logarithmusargumente.
2. Fasse auf beiden Seiten der Gleichung die Terme jeweils unter einem Logarithmus zusammen.
3. Nun müssen die Argumente der Logarithmen auf beiden Seiten übereinstimmen. Die Gleichsetzung liefert eine Gleichung ohne Logarithmen.
4. Löse diese Gleichung, überprüfe die Lösungen durch eine Probe und schreibe die Lösungsmenge.

Musteraufgabe F1

Bestimme $\mathbb{D}$ und $\mathbb{L}$ der Gleichung: $2 \cdot \lg(x-1) - \lg(5-x) = \lg(x+5)$

$\mathbb{D}$: $x - 1 > 0 \quad \Rightarrow \quad$ ………… **I**

………… $> 0 \quad \Rightarrow \quad$ ……………………………… **II**

………… $> 0 \quad \Rightarrow \quad$ ………… **III**

Stelle die Definitionsmenge in Figur 42 an der Zahlengeraden dar.

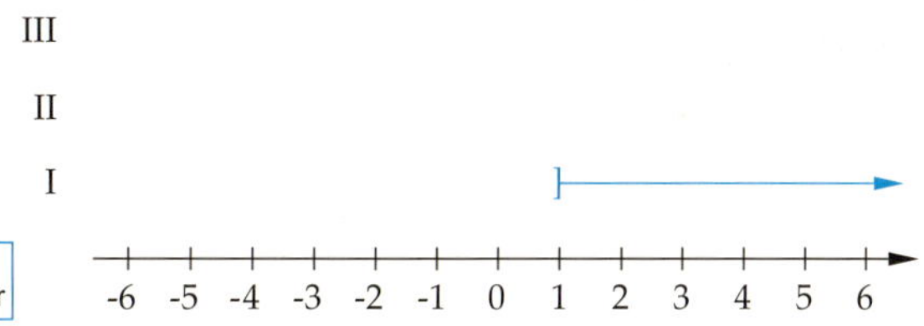

42 Figur

Damit ergibt sich: $\mathbb{D} = \{x \mid$ …… $< x <$ ……$\}$

$\mathbb{L}$: $2 \cdot \lg(x-1) - \lg(5-x) = \lg(x+5)$

$\lg(x-1)^{\cdots} - \lg(5-x) = \lg(x+5)$

$\lg \dfrac{\cdots\cdots}{\cdots\cdots} = \lg(x+5) \qquad |10^{\cdots}$

$\dfrac{\cdots\cdots}{\cdots\cdots} =$ ………… $\qquad | \cdot (5-x)$

………… $= ($…………$) \cdot ($…………$)$

Löse diese Gleichungen auf einem Beiblatt: $x_1 =$ …… und $x_2 =$ ……

Da $x_{\cdots} \notin \mathbb{D}$, muss die Probe nur für $x_{\cdots} =$ …… gemacht werden:

$2 \cdot \lg($……$- 1) - \lg(5 -$ ……$) \stackrel{?}{=} \lg($……$+ 5)$

$\lg$ …… $- \lg$ …… $= \lg$ …… *wahr / falsch*

$\mathbb{L} = \{$……$\}$

Aufgabe F2

Bestimme $\mathbb{D}$ und $\mathbb{L}$:

a) $\lg(2x+5) = \lg(x-1) + 2 \cdot \lg 3$

$\mathbb{D} =$ ……………………; $\mathbb{L} =$ …………

b) $\lg(x-5) + \lg 2 = \lg \dfrac{18}{x+3}$

$\mathbb{D} =$ ……………………; $\mathbb{L} =$ …………

c) $\lg\sqrt{x+21} + \lg\sqrt{x} = 1$

$\mathbb{D} =$ ……………………; $\mathbb{L} =$ …………

d) $\lg \sqrt{x} - \frac{1}{3} \cdot \lg x = -\frac{1}{2}$

$\mathbb{D}$ = ...; $\mathbb{L}$ = ...

Die nächsten Beispiele von Logarithmusgleichungen lassen sich nur mit dem Trick der **Substitution** lösen. (Was man unter Substitution versteht, wird im ersten Beispiel erklärt.)
Leider gibt es keine allgemeine Anleitung, die für alle Beispiele gleichermaßen gelten würde. Aber mithilfe der drei Beispiele kannst du so viel Erfahrung sammeln, dass du ähnliche Aufgaben gut lösen wirst.

Beispiel 1

$$\frac{1+\lg x}{\lg x} - \frac{2 \cdot \lg x}{1+\lg x} = 1$$

$\mathbb{D}$: Zähler links $1 + \lg x \Rightarrow x > 0$ **I**
Nenner links $\lg x \Rightarrow x \neq 1 \wedge x > 0$ **II**

Zähler rechts $2 \cdot \lg x \Rightarrow x$ .... **III**

Nenner rechts $1 + \lg x \Rightarrow \lg x \neq -1 \Rightarrow x \neq \frac{1}{10} \wedge x > 0$ **IV**

Insgesamt ergibt sich: $\mathbb{D} = \left\{ x \mid x > 0 \wedge x \neq 1 \wedge x \neq \frac{1}{10} \right\}$

$\mathbb{L}$: Unser erstes Ziel ist es, die Nenner zu beseitigen:

$$\frac{1+\lg x}{\lg x} - \frac{2 \cdot \lg x}{1+\lg x} = 1 \qquad | \cdot \lg x \cdot (1+\lg x)$$

$$\underbrace{(1+\lg x) \cdot (1+\lg x)} - 2 \cdot \lg x \cdot \lg x = 1 \cdot \lg x \cdot (1+\lg x)$$

$$1^2 + 2\lg x + (\lg x)^2 \; - 2 \cdot (\lg x)^2 = \lg x + (\lg x)^2$$

$$-2 \cdot (\lg x)^2 + \lg x + 1 = 0$$

Der Form nach ist diese Gleichung eine quadratische Gleichung. Um die quadratische Gleichung leichter zu erkennen, wenden wir die Methode der *Substitution* an:

Wir substituieren (ersetzen) den Term $\lg x$ durch z; mithilfe dieser „Umbenennung" $\lg x = z$ sieht die obige Gleichung jetzt so aus:

$$-2z^2 + z + 1 = 0$$

Löse diese Gleichung mithilfe der Lösungsformel auf einem Beiblatt und trage die beiden Lösungen für z hier ein:

$\Rightarrow$ z_1 = ... und z_2 = ...

Um nun noch die gesuchte Variable x zu bestimmen, müssen wir die *Substitution* $\lg x = z$ *wieder rückgängig* machen:

$$\lg x_1 = z_1 \quad \Rightarrow \quad \lg x_1 = -\frac{1}{2} \qquad |10^{\cdots}$$

$$x_1 = 10^{-\frac{1}{2}} = \frac{1}{\sqrt{10}} = 0{,}3162\ldots$$

$$\lg x_2 = z_2 \quad \Rightarrow \quad \lg x_2 = \ldots\ldots \quad \Rightarrow \quad x_2 = 10$$

Um die Lösungsmenge zu bestimmen, müssen wir für die errechneten Lösungen wieder die Probe für die Gleichung $\frac{1+\lg x}{\lg x} - \frac{2 \cdot \lg x}{1+\lg x} = 1$ machen.

Probe für $x_1 = 10^{-\frac{1}{2}}$: $\frac{1+\lg 10^{-\frac{1}{2}}}{\lg 10^{-\frac{1}{2}}} - \frac{2 \cdot \lg 10^{-\frac{1}{2}}}{1+\lg 10^{-\frac{1}{2}}} \stackrel{?}{=} 1$

$$\frac{1-\frac{1}{2}}{-\frac{1}{2}} - \frac{2 \cdot \left(-\frac{1}{2}\right)}{1-\frac{1}{2}} \stackrel{?}{=} 1$$

$$\ldots\ldots\ldots\ \ldots\ \ldots\ldots\ldots \stackrel{!}{=} 1 \quad \Rightarrow \quad x_1 \in \mathbb{L}$$

Probe für $x_2 = 10$: $\frac{1+\lg 10}{\lg 10} - \frac{2 \cdot \lg 10}{1+\lg 10} \stackrel{?}{=} 1$

$$\ldots\ldots\ldots\ \ldots\ \ldots\ldots\ldots \stackrel{!}{=} 1 \quad \Rightarrow \quad x_2 \in \mathbb{L}$$

Damit ergibt sich: $\mathbb{L} = \{\ldots\ldots\ldots;\ \ldots\ldots\ldots\}$

Beispiel 2 Noch einmal werden wir die Gleichung des ersten Beispiels lösen – diesmal aber auf einem anderen Weg.

Die Definitionsmenge übernehmen wir von Beispiel 1.

Die Gleichung $\frac{1+\lg x}{\lg x} - \frac{2 \cdot \lg x}{1+\lg x} = 1$

lässt sich auch so schreiben: $\frac{1+\lg x}{\lg x} - 2 \cdot \frac{\lg x}{1+\lg x} = 1$

Die Methode der Substitution können wir schon an dieser Stelle anwenden.

Mit der Umbenennung $\frac{1+\lg x}{\lg x} = z$

lässt sich die Gleichung so schreiben: $z - 2 \cdot \frac{1}{z} = 1$

Diese Gleichung – ohne Logarithmus – können wir leicht lösen:

$$\begin{aligned} z - 2 \cdot \frac{1}{z} &= 1 \qquad | \cdot z \\ z^2 - 2 &= z \\ z^2 - z - 2 &= 0 \end{aligned}$$

Löse diese Gleichung auf einem Beiblatt: $z_1 = 2$ und $z_2 =$ ....

Auch hier müssen wir die Substitution wieder rückgängig machen:

$$\frac{1 + \lg x_1}{\lg x_1} = z_1 \quad \Rightarrow \quad \frac{1 + \lg x_1}{\lg x_1} = 2$$

$$\begin{aligned} 1 + \lg x_1 &= 2 \cdot \lg x_1 \\ 1 &= \lg x_1 \\ x_1 &= 10 \end{aligned}$$

$$\frac{1 + \lg x_2}{\lg x_2} = z_2 \quad \Rightarrow \quad \frac{1 + \lg x_2}{\lg x_2} = \text{..........}$$

$1 + \lg x_2 =$ ....

....

$x_2 =$ ....

(Die Proben erübrigen sich, da wir sie bereits im ersten Beispiel durchgeführt haben.)

Beispiel 3

$(x - 1)^{\lg(x-1)} = 10$

$\mathbb{D}$: $x - 1 > 0 \quad \Rightarrow \quad x$ ....

$\Rightarrow \quad \mathbb{D} =$ ....

$\mathbb{L}$: In diesem Beispiel steht die Variable im Exponenten und dort in einem Logarithmusterm. Unser Ziel ist es, den Exponenten „nach unten zu holen", um dann die Logarithmusgleichung lösen zu können.

Bei der Lösung stützen wir uns auf die Rechenregel aus Abschnitt E1:

$$\lg u^z = z \cdot \lg u$$

Den auf der linken Seite „fehlenden" Logarithmus – um den Exponenten davor schreiben zu können – werden wir auf beiden Seiten „ergänzen":

$$\begin{aligned} (x - 1)^{\lg(x-1)} &= 10 \qquad | \lg \ldots \\ \lg\left[(x - 1)^{\lg(x-1)}\right] &= \lg 10 \\ \lg(x - 1) \cdot \lg(x - 1) &= 1 \end{aligned}$$

Mithilfe der Substitution $\lg(x-1) = z$ ergibt sich:

$$z \cdot z = 1$$
$$z^2 = 1 \quad \Rightarrow \quad z_1 = +1 \text{ und } z_2 = -1$$

Wenn wir die Substitution rückgängig machen, erhalten wir:

$$\lg(x_1 - 1) = z_1 \quad \Rightarrow \quad \lg(x_1 - 1) = 1$$
$$x_1 - 1 = 10 \quad \Rightarrow \quad x_1 = \ldots\ldots\ldots$$

$$\lg(x_2 - 1) = z_2 \quad \Rightarrow \quad \lg(x_2 - 1) = -1$$
$$x_2 - 1 = \frac{1}{10} \quad \Rightarrow \quad x_2 = \ldots\ldots\ldots$$

Die beiden Lösungen liegen in der Definitionsmenge und ihre Proben ergeben:

$x_1 = 11$: $\quad (11-1)^{\lg(11-1)} \stackrel{?}{=} 10$

$\quad 10^{\lg 10} = 10$ *wahr / falsch*

$x_2 = \ldots\ldots\ldots$: $\quad (\ldots\ldots\ldots - 1)^{\lg(\ldots\ldots\ldots - 1)} \stackrel{?}{=} 10$

$\quad \ldots\ldots\ldots^{\lg \ldots\ldots\ldots} = 10$ *wahr / falsch*

Damit ergibt sich: $\mathbb{L} = \ldots\ldots\ldots\ldots\ldots\ldots$

Auch bei der Lösung der folgenden Aufgaben wirst du die Technik der Substitution anwenden. Orientiere dich dabei an den soeben gelösten Beispielen.

Aufgabe F3

Bestimme $\mathbb{D}$ und $\mathbb{L}$.
(Führe die Berechnungen auf einem Beiblatt durch und trage hier deine Ergebnisse ein.)

a) $(10x)^{\lg x} = 100$

$\mathbb{D} = \ldots\ldots\ldots\ldots\ldots\ldots$; $\mathbb{L} = \ldots\ldots\ldots\ldots\ldots\ldots$

b) $(\lg x)^2 - 5 \cdot \lg x - 6 = 0$

$\mathbb{D} = \ldots\ldots\ldots\ldots\ldots\ldots$; $\mathbb{L} = \ldots\ldots\ldots\ldots\ldots\ldots$

c) $[\lg(x+1)]^2 - \lg(x+1)^4 + 4 = 0$

$\mathbb{D} = \ldots\ldots\ldots\ldots\ldots\ldots$; $\mathbb{L} = \ldots\ldots\ldots\ldots\ldots\ldots$

d) $(x-2)^{\lg(x-2)}) = 10\,000$

$\mathbb{D} = \ldots\ldots\ldots\ldots\ldots\ldots$; $\mathbb{L} = \ldots\ldots\ldots\ldots\ldots\ldots$

e) $x^{2 + \lg x} = 10^3$

$\mathbb{D} = \ldots\ldots\ldots\ldots\ldots\ldots$; $\mathbb{L} = \ldots\ldots\ldots\ldots\ldots\ldots$

2. Exponentialgleichungen

Bei den folgenden Gleichungen kommen zwar in der Aufgabenstellung keine Logarithmen vor und die Variable steht zunächst immer im Exponenten, trotzdem lassen sich die Gleichungen mit ähnlichen „Tricks“ lösen wie die Logarithmusgleichungen.

Beispiel 1

$4^x + 4 = 5 \cdot 2^x$

$\mathbb{D}$: Da die Variable weder in einem Nenner noch einer Wurzel oder einem Logarithmus vorkommt, gilt für die Definitionsmenge: $\mathbb{D} = \mathbb{R}$

$\mathbb{L}$: Nach einer kleinen Umformung wirst du erkennen, dass wir mithilfe einer Substitution diese Exponentialgleichung in eine quadratische Gleichung umschreiben können:

Für den Term 4^x können wir schreiben: $4^x = (2^2)^x = 2^{2 \cdot x} = 2^{x \cdot 2} = (2^x)^2$

Die Gleichung $4^x + 4 = 5 \cdot 2^x$

lautet damit: $(2^x)^2 + 4 = 5 \cdot 2^x$

Mit der Substitution $2^x = z$ können wir die Gleichung umschreiben:

$$z^2 + 4 = 5 \cdot z$$

Löse diese Gleichung auf einem Beiblatt: $z_1 = \ldots\ldots$ und $z_2 = \ldots\ldots$

Wenn wir die Substitution rückgängig machen, gilt für x:

$2^{x_1} = z_1 \quad \Rightarrow \quad 2^{x_1} = 2^2 \quad \Rightarrow \quad x_1 = \ldots\ldots$

$2^{x_2} = z_2 \quad \Rightarrow \quad 2^{x_2} = 2^0 \quad \Rightarrow \quad x_2 = \ldots\ldots$

Die Probe zeigt: $4^x \;\; + 4 = 5 \cdot 2^x$

x_1: $4^{\cdots\cdot} + 4 = 5 \cdot 2^{\cdots\cdot}$ *wahr / falsch*

x_2: $4^{\cdots\cdot} + 4 = 5 \cdot 2^{\cdots\cdot}$ *wahr / falsch*

Damit gilt: $\mathbb{L} = \ldots\ldots\ldots\ldots$

Aufgabe F4

Wende dieselbe Methode an und bestimme $\mathbb{D}$ und $\mathbb{L}$ von $3^x + 7 = 8 \cdot 9^x$:

$\mathbb{D} = \ldots\ldots$; $\mathbb{L} = \ldots\ldots\ldots$

Beispiel 2

$3^{2x+1} - 4 \cdot 3^{x+2} + 81 = 0$

$\mathbb{D} = \mathbb{R}$ (mit derselben Begründung wie im ersten Beispiel)

$\mathbb{L}$: Bevor wir dieselbe Lösungsmethode wie im ersten Beispiel anwenden können, müssen wir noch die Exponenten umschreiben – vergleiche die Potenzgesetze **I** und **II** im Kapitel B.

→

Diese sechs Punkte sollen als Wiederholung genügen, damit du dich an die angesprochenen Begriffe erinnern kannst. Wenn dir jedoch alle diese Begriffe unbekannt sind und wenn du große Schwierigkeiten mit diesem Kapitel haben solltest, würde ich dir raten, dass du dir den Band ML 621 besorgst. Damit kannst du die Grundlagen nacharbeiten.

Jetzt sind wir so weit, dass der neue Stoff beginnen kann.

2. Wahrscheinlichkeiten von zwei Ereignissen

2.1 Überschneidungen von zwei Ereignissen

Bevor wir mit einem Rechenbeispiel beginnen, sollst du dir erst einmal an einem einfachen Beispiel klarmachen, was es bedeutet, wenn man eine Menge unter zwei verschiedenen Gesichtspunkten betrachtet.

Unsere Menge seien die 28 Schülerinnen und Schüler einer 10. Klasse. Wenn wir die Klasse unter dem Gesichtspunkt der Haarfarbe betrachten und uns dabei auf die Beobachtung beschränken, ob die Haarfarbe „blond" oder „nicht blond" ist, teilen wir damit die Klasse in zwei Gruppen ein. Alle anderen Haarfarben außer „blond" fassen wir also unter der Beschreibung „nicht blond" zusammen. *Es gibt in der Klasse 12 blonde Personen.*

Der zweite Gesichtpunkt, unter dem wir die Klasse betrachten, sei das Geschlecht. Auch mit dieser Unterscheidung teilen wir die Klasse in genau zwei Gruppen, nämlich die „Mädchen" bzw. die „Jungen" ein. *In der Klasse sitzen 17 Jungen.*

Nun wollen wir wissen: Wie viele blonde Jungen gibt es in der Klasse?

HALT: Die Beantwortung dieser oder ähnlicher Fragen wird nur dann gelingen, wenn wir noch *eine* weitere Information haben. Denn noch stehen die beiden Informationen über die Haarfarbe und das Geschlecht unverknüpft nebeneinander. Die Klasse teilt sich in die vier Gruppen auf: „blonde Jungen", „nicht blonde Jungen", „blonde Mädchen" sowie „nicht blonde Mädchen".

Mit der Zusatzinformation, dass es *7 blonde Mädchen* in der Klasse gibt, kannst du den folgenden Lückentext ergänzen.

Versuche zunächst, die folgenden Lücken selbstständig auszufüllen, und ziehe die nachfolgenden Hilfestellungen nur dann zu Rate, wenn du nicht mehr weiterkommst.

In der Klasse sitzen .... Mädchen. Davon sind .... blond und .... sind nicht blond.

In der Klasse sitzen .... Jungen. Davon sind .... blond und .... sind nicht blond.

Wenn es dir nicht auf Anhieb gelungen ist, die Lücken auszufüllen, kannst du dir die gegebenen Zahlen durch Mengendiagramme anschaulich machen. Diese Art von Mengendiagrammen kennst du sicher bereits aus früheren Schuljahren. Mithilfe der Diagramme sollst du dir die Einbettung der Teilmengen in die Gesamtmenge sowie die Überschneidung der Teilmengen klarmachen.

- Die Gesamtmenge Ω hat 28 Elemente ($|\Omega| = 28$).
- Die Teilmenge der blonden Personen hat 12 Elemente – vergleiche Mengendiagramm I.
- Die Teilmenge der Jungen hat 17 Elemente – vergleiche Mengendiagramm II.
- Die Teilmenge der blonden Mädchen hat 7 Elemente – vergleiche Mengendiagramm III.

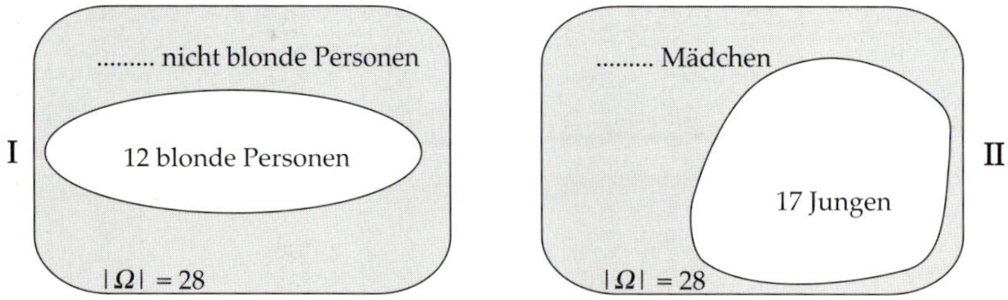

43 Figur

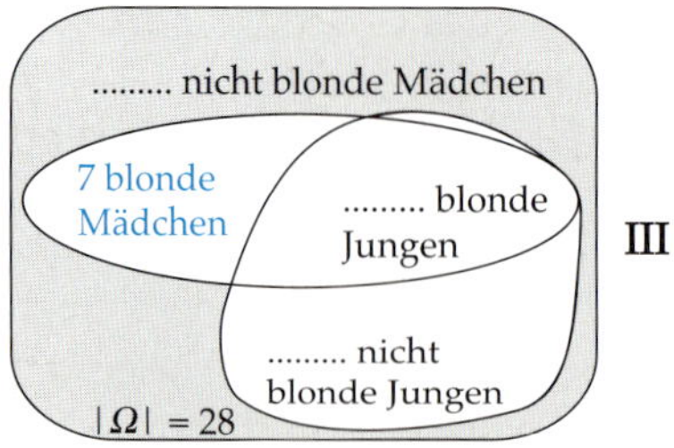

Ergänze die fehlenden Zahlenangaben in den Diagrammen und versuche dann noch einmal den Lückentext auf der Seite gegenüber auszufüllen, wenn es dir vor dieser Veranschaulichung nicht gelungen ist.

Im nächsten Beispiel ist wieder die Rede von einer Menge (Ω), deren Elemente unter zwei Gesichtspunkten (Eigenschaften) betrachtet werden. In diesem Beispiel sind jedoch nicht mehr die *Mächtigkeiten* der Menge sowie der Teilmengen, die die Eigenschaften besitzen, gegeben. Stattdessen sind *Wahrscheinlichkeiten* gegeben. Die anschließenden Fragen entsprechen aber genau den Lücken des letzten Textes, den du gerade ergänzt hast.
Wenn wir die prozentuale Aufteilung der Menge Ω in ihre Teilmengen optisch veranschaulichen wollen, so geschieht dies wieder mithilfe unterschiedlicher Schraffuren.

Beispiel Bei der Herstellung von Elektrogeräten in großer Stückzahl ergeben regelmäßige Kontrollen (Stichproben) zwei Hauptfehler: 15% haben schlechte Kontakte, 8% arbeiten zu laut und 3% weisen beide Fehler auf.

a) Wie groß ist die Wahrscheinlichkeit dafür, dass ein Gerät *genau einen* Fehler hat?

b) Wie groß ist die Wahrscheinlichkeit dafür, dass ein Gerät *mindestens einen* Fehler hat?

c) Wie groß ist die Wahrscheinlichkeit, dass ein Gerät *keinen* Fehler hat?

Dieses Beispiel lässt sich mit verschiedenen Methoden lösen, die hier exemplarisch durchgeführt werden. Aber zuerst einmal wird zur Erinnerung der Begriff der *Wahrscheinlichkeit* hier am konkreten Beispiel wiederholt.

Für die Wahrscheinlichkeit gilt: P(schlechte Kontakte) = 15% = 0,15

$\Rightarrow$ P(gute Kontakte) = ... % = ...

P(laut) = 8% = 0,08

$\Rightarrow$ P(leise) = ... % = ...

In unserem Beispiel ist zwar nur von zwei Eigenschaften die Rede – „schlechte Kontakte“ und „zu laut“. Für jedes der Geräte gilt aber:

- Entweder das Gerät hat „schlechte Kontakte“ oder die Kontakte sind gut.
  und:
- Entweder das Gerät arbeitet „zu laut“ oder die Geräuschentwicklung ist normal.

Für die Schreibweisen gilt analog zu „Ereignis E“ und „Gegenereignis $\bar{E}$“:
Statt „gute Kontakte“ sagt man auch „nicht schlechte Kontakte“ und schreibt dies so: „$\overline{\text{schlechte Kontakte}}$“.

Das Gegenereignis wird also durch ein vorangestelltes „nicht“ oder durch den darüber liegenden Querstrich ausgedrückt.

Dabei gilt:

$$P(\text{gute Kontakte}) = P(\overline{\text{schlechte Kontakte}}) = 1 - P(\text{schlechte Kontakte})$$

Entsprechend gilt:

$$P(\text{leise}) = P(\overline{\text{laut}}) = 1 - P(\ldots\ldots\ldots\ldots)$$

Lösungsweg 1 **Mengendiagramm (VENN-Diagramm)**

Die Gesamtproduktion aller Geräte – den *Ergebnisraum* – bezeichnen wir mit Ω. Davon wird der Teil mit schlechten Kontakten mit „sK“ bezeichnet. Damit wir die Formel für die Berechnung des Gegenereignises anwenden können, werden wir den Rest der Produktion mit „$\overline{\text{sK}}$“ bezeichnen, obwohl die Umgangssprache statt dessen „gute Kontakte“ nahe legen würde. Der Teil von Ω, der zu laut ist, wird mit „laut“ bezeichnet und die „leisen“ Geräte mit „$\overline{\text{laut}}$“.

Im VENN-Diagramm **I** werden nun die Elemente von „sK“ als Teil von Ω zusammengefasst und im Diagramm **II** die Elemente von „laut“. Diejenigen Geräte, welche die Eigenschaften „sK“ und zugleich „laut“ aufweisen, gehören beiden Teilmengen an und bilden im Diagramm **III** somit die Schnittmenge (zweifach schraffiert).

I

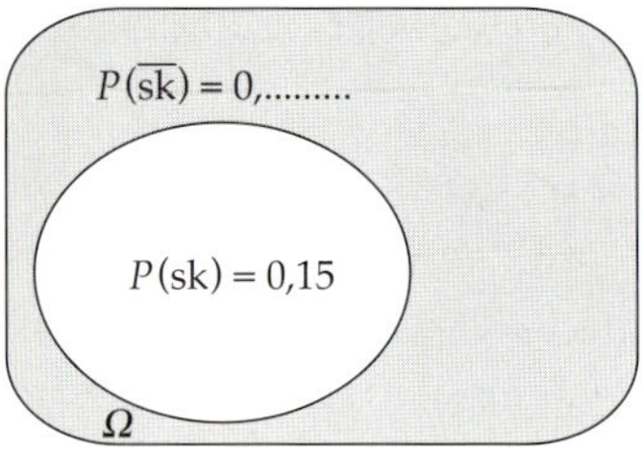

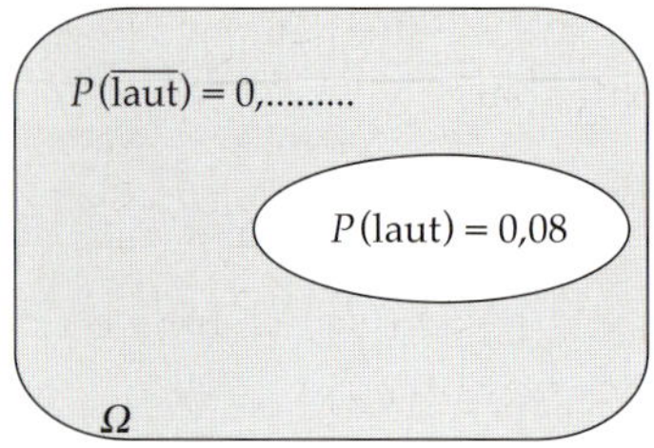

II

44 Figur

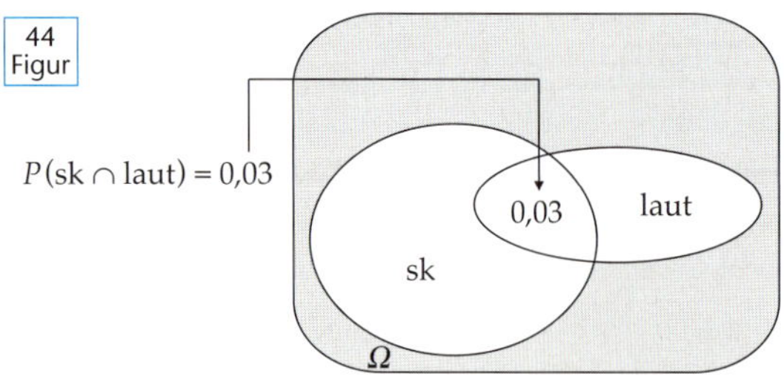

III

Durch die Mengendiagramme und die gegebenen Wahrscheinlichkeiten kannst du die fehlenden Wahrscheinlichkeiten erschließen. Beachte dabei im Mengendiagramm **III**, dass das „Überschneidungsgebiet“ (doppelt schraffiert) in *beiden* einfach schraffierten Gebieten liegt.

Nach diesen „Vorarbeiten“ können wir nun die Fragen unseres Beispiels beantworten:

a) Für die Fragestellung „Wie groß ist die Wahrscheinlichkeit dafür, dass ein Gerät *genau einen* Fehler hat?“ musst du im Diagramm **III** die Wahrscheinlichkeiten der *einfach* schraffierten Gebiete addieren.

Wie groß ist aber die Wahrscheinlichkeit dafür, dass ein Gerät zum Beispiel zwar schlechte Kontakte hat, aber nicht zu laut ist?

Aus den beiden Diagrammen **I** und **III** kannst du folgern:

$P(\text{sK} \cap \overline{\text{laut}}) = 0{,}15 -$ .... = ...

Und wie groß ist die Wahrscheinlichkeit dafür, dass ein Gerät zwar laut ist, aber keine schlechten Kontakte hat?

Aus den beiden Diagrammen **II** und **III** kannst du folgern:

$P(\text{laut} \cap \overline{\text{sK}}) = 0{,}08 -$ .... = ...

Mit diesen beiden Überlegungen können wir die Frage a) beantworten:

$P(\text{genau ein Fehler}) =$ .... + ... = ...

b) Für die Fragestellung „Wie groß ist die Wahrscheinlichkeit dafür, dass ein Gerät *mindestens einen* Fehler hat?“ musst du dir zunächst klarmachen, was diese Wortformulierung bedeutet: Zu berücksichtigen sind jetzt die Geräte, die *genau einen oder auch zwei* Fehler haben.
Im VENN-Diagramm III musst du also die Wahrscheinlichkeiten von allen Teilmengen addieren, die *entweder einfach oder doppelt schraffiert* sind.

Im Gegensatz zur Fragestellung a) gehört jetzt also die Wahrscheinlichkeit der *doppelt* schraffierten Teilmenge mit dazu:

P(mindestens ein Fehler) = P(genau ein Fehler) + P(genau zwei Fehler) =

= .... + ... = ...

c) Für die Fragestellung „Wie groß ist die Wahrscheinlichkeit dafür, dass ein Gerät *keinen* Fehler hat?“ interessiert dich die Wahrscheinlichkeit des *un*schraffierten Gebietes. Da du aber bereits die Gesamtwahrscheinlichkeit für alle schraffierten Gebiete bestimmt hast, kannst du leicht auf die Wahrscheinlichkeit des unschraffierten Gebietes schließen:

P(kein Fehler) = $P(\Omega)$ ..... P(mind. ein Fehler) =

= .... = ...

Lösungsweg 2 **4-Felder-Tafel**

Die 4-Felder-Tafel entspricht der Veranschaulichung durch die VENN-Diagramme. Auf die vier äußeren Plätze, die hier mit den Buchstaben a–d gekennzeichnet sind, müssen die Wahrscheinlichkeiten eingetragen werden, die zu den jeweils gegenüberliegenden Eigenschaften gehören.

Trage die vier Wahrscheinlichkeiten (als Dezimalzahl) in die Tabelle ein:

a $\triangleq P(sK) = 0{,}15$
b $\triangleq P(\overline{sK}) =$ ....
c $\triangleq P(laut) =$ ....
d $\triangleq P(\overline{laut}) =$ ....

→

	laut	$\overline{\text{laut}}$	
sK	e	f	.... a
$\overline{\text{sK}}$	g	h	.... b
	 c	.... d	1

Nach dem Eintragen der Wahrscheinlichkeiten hast du sicher erkannt, dass die 1 im rechten unteren Feld sowohl für die Summe

$P(sK) + P(\overline{sK}) =$ .... als auch für die Summe $P(laut) + P(\overline{laut}) =$ .... steht.

Die Wahrscheinlichkeiten in den vier inneren Feldern der 4-Felder-Tafel stehen für die *Überschneidungen* von jeweils zwei Eigenschaften.

Das Feld e steht für: schlechte Kontakte *und* laut.
Das Feld f steht für: schlechte Kontakte *und* nicht laut.

Das Feld g steht für: .... *und* ....

Das Feld h steht für: .... *und* ....

Im VENN-Diagramm **III** entspricht dies:

45
Figur

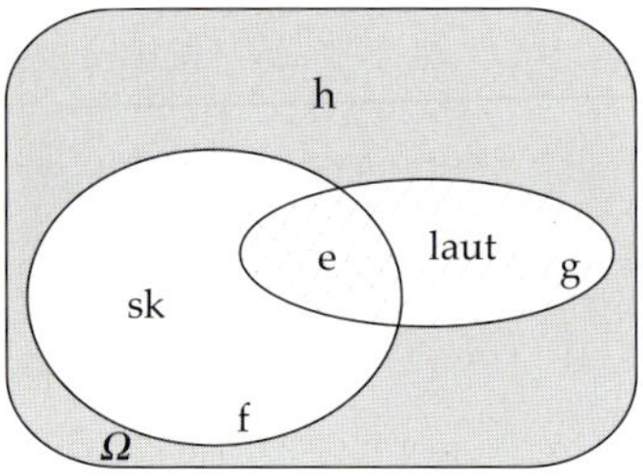

In der Aufgabenstellung ist die Wahrscheinlichkeit „3 % weisen beide Fehler auf“ gegeben. Diese Angabe, die für das Feld .... gilt, kannst du in die 4-Felder-Tafel eintragen.
Die restlichen drei Wahrscheinlichkeiten ergeben sich aus der Regel, dass die Summe nebeneinander stehender Wahrscheinlichkeiten bereits rechts außen steht. Genauso siehst du unten die Summe untereinander stehender Wahrscheinlichkeiten bereits eingetragen.

Ergänze nun die noch fehlenden Werte:

	laut	$\overline{\text{laut}}$	
sK	0,03 e	.... f	0,15 a
$\overline{\text{sK}}$	.... g	.... h	0,85 b
	0,08 c	0,92 d	1

Jetzt kannst du die gestellten Fragen beantworten:

a) P(genau ein Fehler) = P(laut und nicht schlechte Kontakte) +
+ P(nicht laut und schlechte Kontakte) =
= P (laut und $\overline{\text{sK}}$) + P ($\overline{\text{laut}}$ und sK) =
= P (laut $\cap$ $\overline{\text{sK}}$) + P ($\overline{\text{laut}}$ $\cap$ sK) =
= 0,.......... + 0,.......... = 0,..........

b) P(mindestens ein Fehler) = P(genau ein Fehler) + P(sK und laut) =
= P (genau ein Fehler) + P(sK $\cap$ laut) =
= 0,.......... + 0,.......... = 0,.........

c) Für die letzte Eintragungslücke standen dir mehrere Wege offen:
- Die Summe aus der gesuchten Zahl und der darüber stehenden Zahl (0,12) steht bereits unten (0,92)
- Oder du siehst, dass die Summe aus der gesuchten Zahl und der links daneben stehenden Zahl (0,05) bereits rechts außen steht (0,85).

P(kein Fehler) = P($\overline{\text{laut}}$ und $\overline{\text{sK}}$) = P($\overline{\text{laut}}$ $\cap$ $\overline{\text{sK}}$) = 0,..........

Die Wahrscheinlichkeiten, nach denen in b) und c) gefragt ist, hängen eng miteinander zusammen. Bevor du dir diesen Zusammenhang zahlenmäßig klarmachst, solltest du dir inhaltlich vor Augen führen:

Entweder ein Teil hat *keinen* Fehler *oder* es hat *mindestends einen* Fehler.

Für die zugehörigen Wahrscheinlichkeiten bedeutet dies:

- P (mindestens ein Fehler) = 1 – P (kein Fehler) = 1 – .... = ... bzw.
- P (kein Fehler) = 1 – P (mindestens ein Fehler) = 1 – .... = ... bzw.
- P (mindestens ein Fehler) + P (kein Fehler) = ...

Lösungsweg 3 **Baumdiagramm** mit 1. und 2. Pfadregel

Es wird dir möglicherweise nicht auf Anhieb gelingen, alle Eintragungslücken im folgenden Baumdiagramm sowie in den darunter stehenden Gleichungen auszufüllen – versuche so weit wie möglich ohne Hilfestellung zu kommen. Die dann folgenden Lösungshinweise führen dich schrittweise zu den gesuchten Wahrscheinlichkeiten.

Zunächst sollst du die Abkürzungen „sK“ und „$\overline{\text{sK}}$“ sowie „laut“ und „$\overline{\text{laut}}$“ bei der Berechnung der „Endwahrscheinlichkeiten“ (an den Enden der Äste) eintragen.

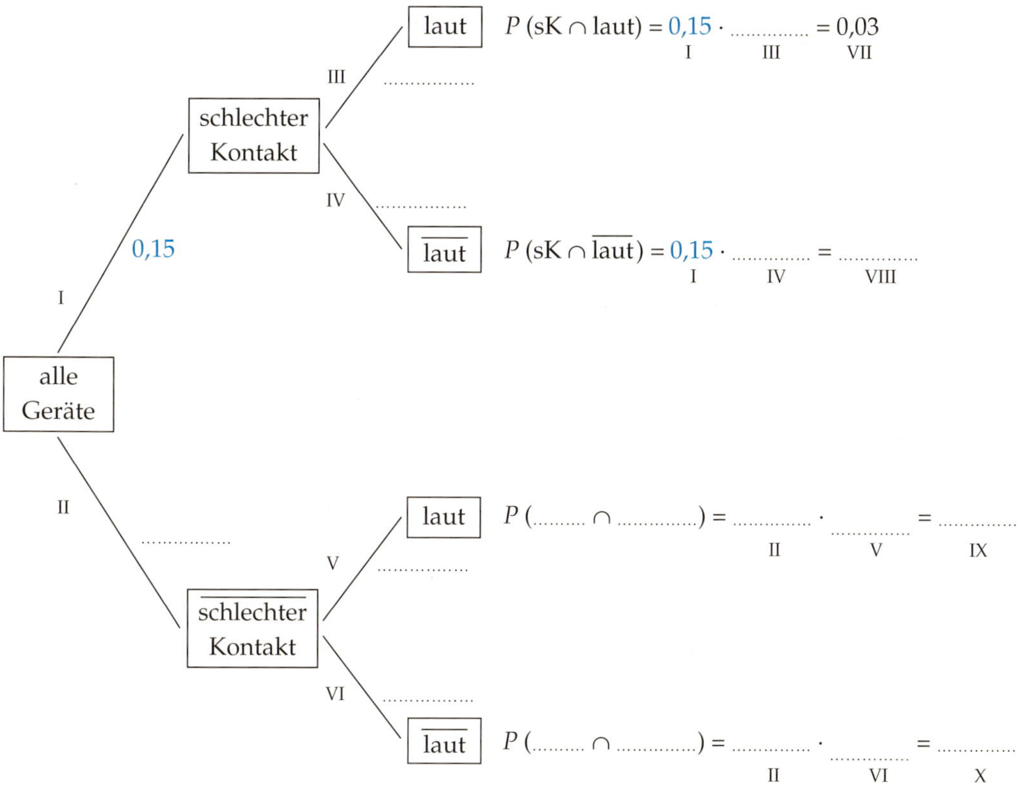

Lösungshinweise:

- Bei den Ästen des Baumdiagramms kannst du die gegebenen Wahrscheinlichkeiten nicht alle direkt übernehmen!
  Nur die „15%" bzw. „0,15" kannst du sofort eintragen. Wenn du aber auf den Satz zurückgreifst: „Die Summe aller Verzweigungswahrscheinlichkeiten, die von einem Punkt ausgehen, ergibt immer 1", kannst du im Nachbarast zu den „0,15" (bei II) den Wert .... eintragen.
- Trage jede Wahrscheinlichkeit im Baumdiagramm sowohl am zuständigen Ast als auch rechts, bei der Berechnung der Endwahrscheinlichkeit, ein.
- Wende nun die 1. Pfadregel an und bedenke, dass die Wahrscheinlichkeit „3% weisen beide Defekte auf" gegeben ist.

  Damit kennst du: $P(\text{sK} \cap \text{laut}) = 0{,}15 \cdot ? = 0{,}03$
  Diese Gleichung $0{,}15 \cdot x = 0{,}03$
  ist erfüllt für: $x =$ ....
  Diese Wahrscheinlichkeit kannst du im Baumdiagramm zweimal (bei III) eintragen.
- Wenn du jetzt wieder an den Satz denkst: „Die Summe aller Verzweigungswahrscheinlichkeiten ... ", kannst du IV (zweimal) eintragen.
- Damit kannst du VIII ausrechnen.
- Die beiden gegebenen Wahrscheinlichkeiten „8% arbeiten zu laut" und „3% weisen beide Defekte auf" lassen den Schluss zu, dass „....... % zwar zu laut arbeiten, aber gute (bzw. schlechte) Kontakte haben"!
  Trage diese Zahl – als Dezimalzahl – bei der Endwahrscheinlichkeit IX ein.
- Damit kennst du: $P(\overline{\text{sK}} \cap \text{laut}) = 0{,}85 \cdot y = 0{,}05$
  Diese Bruchgleichung ist erfüllt für die *Bruchzahl*: $y = \frac{5}{85}$
  Diese Wahrscheinlichkeit kannst du im Baumdiagramm bei V eintragen; und die Wahrscheinlichkeit für VI ergibt sich damit fast von selbst.
- Nun berechne noch die fehlende Endwahrscheinlichkeit X:
  $P(\overline{\text{sK}} \cap \overline{\text{laut}}) =$ .... · .... = ...

Als Probe kannst du nun die Summe der Endwahrscheinlichkeiten bilden:

VII + VIII + IX + X = ... + ... + ... + ... = ...

Nun kannst du auch mithilfe des Baumdiagramms die Fragen beantworten:

a) Für $P(\text{genau 1 Fehler}) =$ .... + ... = ... musst du die 2. Pfadregel anwenden.

b) Die Wahrscheinlichkeit P(mindestens ein Fehler) lässt sich wieder auf verschiedene Weise berechnen:

P(mindestens ein Fehler) = P(genau ein Fehler) + P(zwei Fehler) =

= .... + ... = ...

bzw.

P(mindestens ein Fehler) = 1 – P(kein Fehler) = 1 – .... = ...

c) Die letzte Wahrscheinlichkeit, die du soeben bereits gebraucht hast, kannst du einfach ablesen:

P(kein Fehler) = $P(\overline{\text{sK}} \cap \overline{\text{laut}})$ = ...

Damit hast du jetzt drei verschiedene Lösungswege kennen gelernt, mit deren Hilfe unsere Beispielaufgabe gelöst werden konnte. Bei den nächsten beiden Aufgaben sollst du selbst entscheiden, mit welcher der Methoden „Mengendiagramm", „4-Felder-Tafel" oder „Baumdiagramm" du die Lösung findest. Im Lösungsteil findest du jeweils alle drei Wege durchgerechnet.

Aufgaben

G1 Am Fließband werden eine Schraube und eine Schraubenmutter aus ihren Behältern herausgegriffen.

A: Schraubenkopf ist fehlerhaft. $P(A) = 0{,}1$

B: Schraubenmutter ist fehlerhaft. $P(B) = 0{,}2$

Bei 2 % aller Schrauben sind beide Teile defekt.

Wie groß ist die Wahrscheinlichkeit, dass Schraubenkopf *und* Schraubenmutter fehlerfrei sind?

G2 In einer Abiturklasse wurde folgende Statistik erstellt: 30 % der Schüler bekamen beim Langlauf die maximale Punktzahl; 60 % der Schüler rauchen; 20 % der Schüler rauchten nicht und bekamen die maximale Punktzahl.

Wie viel Prozent der Schüler rauchen und bekamen nicht die maximale Punktzahl?

2.2 Abhängigkeit/Unabhängigkeit

Vielleicht hast du schon geahnt, dass die letzte Aufgabe als Überleitung zur nächsten Fragestellung dienen sollte. Häufig wird nämlich danach gefragt, ob es einen Zusammenhang zwischen zwei Merkmalen gibt oder ob die beiden Merkmale voneinander unabhängig sind. Die wechselseitige Beziehung zwischen zwei Merkmalen wird auch als **Korrelation** bezeichnet.

Die Anschlussfragestellung an die letzte Aufgabe lautet also: Gibt es einen Zusammenhang zwischen „Rauchen" und „guten sportlichen Leistungen"?

Wenn die beiden voneinander unabhängig sind, muss die Gruppe der „Raucher" innerhalb der Gruppe der „guten Sportler" prozentual genauso vertreten sein wie im Durchschnitt der ganzen Klasse.

Die Unabhängigkeit von zwei Merkmalen lässt sich rechnerisch überprüfen. Je nachdem, ob bei der folgenden Gleichung die linke und die rechte Seite jeweils denselben Wert ergeben oder nicht, sind die beiden Merkmale voneinander unabhängig oder abhängig.

Zwei Ergebnisse A und B heißen **stochastisch unabhängig**, wenn gilt:

$P(A \cap B) = P(A) \cdot P(B)$

Andernfalls heißen sie **stochastisch abhängig**.

Wenn wir diese Definition auf die letzte Aufgabe übertragen, können wir mit ihrer Hilfe nachprüfen, ob die beiden Merkmale „Raucher" zu sein und „sehr gute Laufleistung" zu erzielen stochastisch unabhängig sind.

Unabhängigkeit würde bedeuten, dass die Raucher sowohl in der Gruppe der sehr guten Läufer als auch in der Gruppe der weniger guten Läufer mit jeweils 60 % vertreten sind.
60 % von 30 % berechnest du so: $0{,}6 \cdot 0{,}3 =$ ....

Da du in der Aufgabe G2 aber berechnet hast, dass nur 10 % der Schüler sowohl rauchen als auch sehr gut laufen, kannst du feststellen:

> Die beiden Merkmale „Raucher" und „sehr guter Läufer" sind stochastisch *abhängig/unabhängig*!

Mit anderen Worten:
Die Raucher sind in der Gruppe der sehr guten Läufer unterrepräsentiert.
In Zahlen: Die Raucher sind bei den sehr guten Läufern nicht mit (stochastisch unabhängigen) 60 %, sondern nur mit 33 % $\left(\text{bzw. } \frac{1}{3}\right)$ vertreten.
(Am deutlichsten erkennst du das aus dem Baumdiagramm im Lösungsteil.)

Aufgaben

G3 Überprüfe, ob die beiden Ereignisse der Aufgabe G1 mit A: „Schraubenkopf fehlerhaft“ und B: „Schraubenmutter fehlerhaft“ stochastisch abhängig sind.

G4 Überprüfe, ob im Beispiel von Seite 82 die beiden Merkmale A: „schlechte Kontakte“ und B: „arbeiten zu laut“ stochastisch abhängig sind.

G5 Nach vier Unterrichtswochen zählt die zuständige Schülerin die Fehltage zusammen; sie entnimmt die Fehltage aus der folgenden Liste:

	Mo	Di	Mi	Do	Fr	Mo	Di	Mi	Do	Fr	Mo	Di	Mi	Do	Fr	Mo	Di	Mi	Do	Fr
Albert		f	f			f				f	f				f	f	f			
Bettina			f				f	f			f									f
Christof				f				f									f			
Dana		f											f							
Erwin	f	f							f	f	f									
Franziska		f	f			f					f					f		f		

Auch wenn sich die folgenden Fragen auf die Liste der Fehltage und damit auf vergangene Ereignisse beziehen, ist in solchen Fragen immer von „Wahrscheinlichkeiten“ statt von „relativen Häufigkeiten“ die Rede. (Nimm's als „Mathematikersprechweise“.)

a) Wie groß war die Wahrscheinlichkeit dafür, dass Albert gefehlt hat?

b) Wie groß war die Wahrscheinlichkeit dafür, dass Franziska gefehlt hat?

c) Wie groß war die Wahrscheinlichkeit dafür, dass beide zusammen fehlten?

d) Sind die Fehltage von Albert und von Franziska stochastisch gesehen voneinander abhängig oder unabhängig?

3. Kombinatorik

Zur Berechnung von Wahrscheinlichkeiten muss man bekanntlich unter anderem die Anzahl aller Elemente bzw. aller Elementarereignisse der Menge Ω kennen. Daher befassen wir uns in diesem Kapitel „Kombinatorik“ mit der Berechnung der Zahl der Elemente, die in einer bestimmten Menge liegen. Es geht also um die Bestimmung der *Mächtigkeit* verschiedener Mengen.

Zu den Grundtypen der Mengen, die am häufigsten vorkommen und deren Mächtigkeit wir suchen, findest du zunächst jeweils ein Beispiel und die zugehörige Formel. Bei den anschließenden Aufgaben wird es in erster Linie darum gehen, dass du hinter der konkreten Formulierung der Aufgabe den

entsprechenden Grundtyp mit der zugehörigen Formel erkennst. Eine Übersichtstabelle wird dir dabei helfen.

Beispiel 1

Zu einem 100-m-Endlauf treten 8 Läuferinnen (k) auf 8 Bahnen (n) an. Die Bahnen werden ausgelost. Wie viele verschiedene Startaufstellungen gibt es?

Um die Anzahl ermitteln zu können, ist es hilfreich, acht nebeneinander liegende Kästchen zu skizzieren. Jedes Kästchen soll die Lostrommel darstellen, aus der die jeweilige Läuferin ihre Startnummer zieht. Unter den Kästchen soll die Anzahl der Lose notiert werden, die sich in der Lostrommel befinden, wenn die jeweilige Läuferin zieht.
Nacheinander ziehen die Läuferinnen ihre Startbahnnummer aus der Lostrommel:

Lostrommeln

	Ziehung 1 (1. Läuferin)	Ziehung 2 (2. Läuferin)	Ziehung 3 (3. Läuferin)	Z 4 (…)	Z 5 (…)	Z 6 (…)	Z 7 (…)	Z 8 (…)
freie Bahnen	8	7	……..	……..	……..	……..	……..	……..

Die ersten Läuferin zieht ihre Bahnnummer aus acht Losen. Die zweite Läuferin zieht ihre Bahnnummer aus nur noch …….. Losen.
Wenn nur diese beiden Läuferinnen antreten würden, gäbe es bereits $8 \cdot 7 = 56$ Möglichkeiten, welche der acht Bahnen von ihnen besetzt werden.

Die dritte Läuferin hat nur noch 6 Bahnen zur Auswahl, was zu $8 \cdot 7 \cdot 6$ möglichen Plazierungen für diese drei Läuferinnen führt, usw. …

Das Produkt der Zahlen $8 \cdot 7 \cdot 6 \cdot 5 \cdot 4 \cdot 3 \cdot 2 \cdot 1 =$ ……………… ergibt die gesuchte Anzahl der möglichen Startaufstellungen.

Mithilfe der Taste [$n!$] – sprich: *n-Fakultät* – liefert dir dein Taschenrechner sofort die oben gesuchte Zahl.

Tippe ein: [8] [$n!$]

$8! =$ ……………… Lies: *Acht Fakultät gleich* ………………

Allgemein:

$P_{n(\text{oW})} = n!$

Die Zahl $n!$ bezeichnet man als Anzahl der **Permutationen** P_n (Vertauschung) von *n verschiedenen* Elementen.
„oW“ bedeutet **ohne Wiederholung**; dadurch wird betont, dass alle n Elemente untereinander verschieden sind.

(Bei späteren Problemen – vergleiche Beispiel 4 – können auch Wiederholungen auftreten.)

In unserem Beispiel:
8! gibt die Anzahl der Startaufstellungen von 8 Läuferinnen auf 8 Bahnen an, wobei keine Läuferin bei einer Startaufstellung mehrfach auftaucht. (!)

Kurz: $8! = P_{8(\text{oW})}$

Beispiel 2

Im nächsten 100-m-Endlauf treten 5 Läufer (k) auf 8 Bahnen (n) an. Die Bahnen werden ausgelost. Nacheinander ziehen die Läufer ihre Starbahnen aus der Lostrommel.
Wie viele verschiedenen Startaufstellungen – bei denen jeweils 3 Bahnen frei bleiben – gibt es?

Das Problem ähnelt sehr dem Beispiel 1. Jetzt aber bleiben drei Bahnen unbesetzt, wodurch das Ergebnis beeinflusst wird.
(Wie schon bei Beispiel 1 spielt es auch hier für die Frage nach der Zahl der möglichen Startaufstellungen keine Rolle, in welcher Reihenfolge die Läufer ihre Lose für die Bahnverteilung ziehen.)

Auch hier ist das Bild mit den Lostrommeln wieder hilfreich: Der erste Läufer zieht seine Bahnnummer wieder aus der Lostrommel mit 8 Losen …

1. Läufer	2. Läufer	3. Läufer	4. Läufer	5. Läufer

8 · .... · .... · .... · .... = ...

Das Ergebnis der Multiplikation $8 \cdot 7 \cdot 6 \cdot 5 \cdot 4 =$ .... kannst du einfacher berechnen. Statt alle Zahlen einzeln einzutippen, kannst du mithilfe der Fakultätstaste bequem berechnen:

$$\frac{8!}{(8-5)!} = \frac{8!}{3!} = \frac{8 \cdot 7 \cdot 6 \cdot 5 \cdot 4 \cdot \cancel{3} \cdot \cancel{2} \cdot \cancel{1}}{\cancel{3} \cdot \cancel{2} \cdot \cancel{1}} = 8 \cdot 7 \cdot 6 \cdot 5 \cdot 4 = \ldots\ldots$$

Allgemein:

$$V_{n;k\,(\mathrm{oW})} = \frac{n!}{(n-k)!}$$

Anzahl der **Variationen – ohne Wiederholung** – von k Elementen, die aus einem Vorrat von n verschiedenen Elementen stammen.

(Hier heißt es „Variationen“ und nicht „Permutationen“, weil n und k nicht gleich sind. Es gibt allerdings auch Lehrbücher, die in solchen Fällen von der „Permutation $P_{n;k\,(\mathrm{oW})}$“ reden.)

In unserem Beispiel:

$\frac{8!}{(8-5)!}$ gibt die Anzahl der Startaufstellungen von 5 Läufern auf 8 Bahnen, wobei kein Läufer bei einer Startaufstellung mehrfach auftaucht.

Kurz: $\frac{8!}{(8-5)!} = V_{8;5\,(\mathrm{oW})}$

Beispiel 3

Auf wie viele verschiedene Arten lassen sich die 7 Buchstaben des Wortes BANANEN anordnen?

Die gesuchte Zahl muss *kleiner / größer* als 7! sein, da einige Buchstaben mehrfach vorkommen. (Wenn wir zum Beispiel die beiden „A“ vertauschen, ergibt sich trotzdem dasselbe Wort.)

Da die Permutation bzw. Vertauschung der beiden „A“ nicht zu neuen Wörtern führt, wenn alle anderen Buchstaben ihren Platz behalten, reduziert dies die Zahl 7!. Und durch die drei vorkommenden „N“ wird die Zahl der Vertauschungen, die zu neuen Ergebnissen führen, in noch größerem Ausmaß verkleinert.

Um plausibel zu machen, dass wir die Zahl 7! wegen der drei *gleichen* Buchstaben „N“ durch 3! dividieren müssen, wollen wir sie als Experiment einmal verschiedenartig schreiben: normal, *kursiv* und **fett**.
Auf wie viele Arten lassen sich die drei „N“ anordnen, wenn immer das Wort BANANEN gebildet werden soll?

BANANEN, BANANEN, BANANEN, BANANEN, BANANEN, BANANEN

Diese sechs Schreibweisen ergeben sich, weil sich 3 verschiedene „N“ auf 3 Plätzen auf $3! = 6$ verschiedene Arten anordnen lassen. Alle 6 Schreibweisen ergeben aber immer *dasselbe* Wort!

Wenn wir die Menge der *verschiedenen* Wörter, die sich mit den Buchstaben BANANEN bilden lassen, mit Ω bezeichnen, lautet die Antwort auf die Frage unseres 3. Beispiels nach der Mächtigkeit von Ω:

$$|\Omega| = \frac{7!}{2! \cdot 3!} = \ldots\ldots\ldots\ldots$$

zwei „A“ drei „N“

Im Zähler steht die Fakultät der Anzahl der Buchstaben. (Dies wäre bereits das gesuchte Ergebnis für $|\Omega|$, wenn alle Buchstaben verschieden wären.) Diese Zahl wird dividiert durch die Fakultäten der mehrfach vorkommenden Buchstaben, denn wenn diese untereinander ihre Plätze tauschen, ergibt sich kein neues Wort.

Allgemein:

$$P_{n\,(\mathrm{mW})} = \frac{n!}{n_1! \cdot n_2! \cdot \ldots \cdot n_p!}$$

Anzahl der **Permutationen** von n Elementen, von denen p **mehrfach** vorkommen.
Diese mehrfach vorkommenden, untereinander gleichen Elemente werden mit n_i bezeichnet und von 1 bis p durchnummeriert ($i = 1, 2, \ldots p$).

Dabei soll durch die Ergänzung (mW) = „mit Wiederholung“ betont werden, dass einige Elemente mehrfach vorkommen.

In unserem Beispiel:

$\frac{7!}{2! \cdot 3!} = P_{7(\mathrm{mW})}$ gibt die Anzahl der Wörter an, die sich aus 7 Buchstaben bilden lassen, wobei das „A“ zweifach und das „N“ dreifach vorkommen.

eispiel 4

Beim Fußballtoto gibt es drei (n) verschiedene Tippmöglichkeiten:

„1“ für: „Heimmannschaft gewinnt“
„2“ für: „unentschieden“
„3“ für: „Gastmannschaft gewinnt“

Bei der so genannten 11-er-Wette muss man den Ausgang von 11 (k) Spielen vorhersagen.
Wie viele verschiedenen Tippmöglichkeiten gibt es bei der 11-er-Wette?

1. Spiel	2. Spiel	3. Spiel	4. Spiel	…	…	…	…	…	…	11. Spiel

3 · 3 · 3 · .... · .... · .... · .... · .... · .... · .... · .... $= 3^{11} =$

= ....

Dies bedeutet: Jedes Spiel kann auf drei verschiedene Arten enden, unabhängig vom Ausgang der anderen Spiele.

Allgemein:

$V_{n;k\,(\text{mW})} = n^k$

Dies ist die Formel für die Berechnung der Anzahl der **Variationen** von k Elementen. Jedes dieser k Elemente stammt aus einem Vorrat von n verschiedenen Elementen. **Mit Wiederholung** bedeutet in diesem Fall, dass Elemente mehrfach vorkommen können. (Für $n < k$ ist die Wiederholung sogar zwangsläufig.)

In unserem Beispiel:

$3^{11} = V_{3;11\,(\text{mW})}$ gibt die Anzahl der unterschiedlichen Tippscheine an, wobei jeweils der Ausgang von 11 Spielen getippt wird und es drei verschiedene Tippmöglichkeiten für jedes Spiel gibt.

Beispiel 5

Beim Zahlenlotto „6 aus 49" werden aus einem Vorratsbehälter, der 49 gleiche Kugeln mit den Zahlen von 1 bis 49 enthält, nacheinander – ohne Zurücklegen – 6 Kugeln gezogen. Wie viele verschiedene Ergebnisse gibt es?

Wieder erleichtert ein Bild mit 6 Feldern den Einstieg in die Aufgabe:

1. Ziehung	2. Ziehung	3. Ziehung	4. Ziehung	5. Ziehung	6. Ziehung

49 · .... · .... · .... · .... · ....

1. Ziehung aus 49 Kugeln	2. Ziehung aus .... Kugeln	3. Ziehung aus .... Kugeln	…	…	…

Wenn am nächsten Samstag die Lottozahlen 17 – 5 – 29 – 49 – 8 – 13 gezogen werden, wirst du danach in der Zeitung lesen: 5 – 8 – 13 – 17 – 29 – 49. Es ist also *unerheblich, in welcher Reihenfolge* die sechs Zahlen gezogen werden – Hauptsache, du hast die sechs richtigen getippt. (Auf deinem Tippschein kann man auch nicht erkennen, in welcher Reihenfolge du die Zahlen angekreuzt hast.)

Wie viele Anordnungsmöglichkeiten gibt es für die sechs ausgelosten Zahlen?

Die gesuchte Zahl berechnet sich als $6! =$ .... Durch diese Zahl muss also die Anzahl der *verschiedenen* Ergebnisse dividiert werden, die wir oben *unter Berücksichtigung der Ziehungsreihenfolge* berechnet haben.

Da es bei der Ziehung der Lottozahlen nicht auf die Reihenfolge der gezogenen Zahlen ankommt, gibt es *nicht* $49 \cdot 48 \cdot 47 \cdot 46 \cdot 45 \cdot 44$, sondern nur $\frac{49 \cdot 48 \cdot 47 \cdot 46 \cdot 45 \cdot 44}{6!}$ verschiedene Ergebnisse!

Da das „Lotto-Prinzip" häufig auftaucht, gibt es für diese Berechnung eine eigene Kurzschreibweise: $\binom{49}{6}$ (Lies: *6 aus 49* bzw. *49 über 6*)

Für die Schreibweise $\binom{49}{6}$ gilt die Berechnung:

$$\binom{49}{6} = \frac{49!}{6! \cdot (49-6)!} = \frac{49!}{6! \cdot 43!} =$$

$$= \frac{49 \cdot 48 \cdot 47 \cdot 46 \cdot 45 \cdot 44 \cdot \cancel{43} \cdot \cancel{42} \cdot \ldots \cdot \cancel{2} \cdot \cancel{1}}{6 \cdot 5 \cdot 4 \cdot 3 \cdot 2 \cdot 1 \quad \cdot \quad \cancel{43} \cdot \cancel{42} \cdot \ldots \cdot \cancel{2} \cdot \cancel{1}} = \text{..........................}$$

Konkret bedeutet die Zahl $\binom{49}{6} = 13\,983\,816$, dass es fast 14 Millionen verschiedene Möglichkeiten gibt, 6 Zahlen aus 49 Zahlen zu ziehen.

Allgemein:
Mit der folgenden Formel kannst du die Anzahl der *verschiedenen* k-Tupel berechnen, die sich *ohne Beachtung der Reihenfolge* aus einer n-Menge ziehen lassen.

$$K_{n;k\,(\mathrm{oW/oR})} = \binom{n}{k} = \frac{n!}{k! \cdot (n-k)!}$$

Anzahl der **Kombinationen ohne Wiederholung und ohne Beachtung der Reihenfolge** von k Elementen, die aus einem Vorrat von n verschiedenen Elementen stammen.

In unserem Beispiel:

$\binom{49}{6} = K_{49;6(\text{oW/oR})}$ gibt die Anzahl der Lottoergebnisse an. Dabei taucht keine Zahl mehrfach auf und die Reihenfolge bei der Ziehung von 6 aus 49 Kugeln (mit Nummern) spielt keine Rolle.

Damit auch die Selbstverständlichkeiten

$$\binom{n}{n} = 1; \qquad \binom{5}{5} = \frac{5!}{5! \cdot 0!} = 1; \qquad \binom{5}{0} = \frac{5!}{0! \cdot 5!} = 1$$

definiert sind, gilt: $0! = 1$

Übrigens gilt auch: $1! = 1$

Auch wenn vor allem die Definition $0! = 1$ zunächst sehr verwirrend sein mag, muss sie so erklärt werden, damit wir zum Beispiel den Rechenausdruck „5 aus 5" berechnen können.

Beispiel 6

Aus 5 verschiedenen Sorten sollen kleine Sträuße zu je 3 Blumen gebunden werden.
Wie viele verschiedene Sträuße lassen sich binden?

Dieses Beispiel erinnert an das „Lotto-Prinzip". Während dort aber jede Zahl nur einmal auftauchen darf, kann bei dieser Aufgabe ein Strauß auch einmal aus drei gleichen Blumen bestehen.
(Wenn nichts anderes darüber ausgesagt ist, bedeutet die Formulierung „Wie viele Sträuße lassen sich binden?", dass von jeder Sorte genügend Blumen vorhanden sind).

Wir wollen auf der nächsten Seite versuchen, die Anzahl der verschiedenen Sträuße durch Auszählen zu finden.
Die Blumen sollen sich durch ihre Farben (gelb, rot, blau, weiß und purpur) unterscheiden. (Auf die Reihenfolge bzw. Anordnung kommt es nicht an, da die Blumen nachher als „ungeordneter" Strauß in der Vase stehen.)

Folgende Kombinationen lassen sich bilden:

- Drei gleichfarbige Blumen — g g g, r r r, usw. → 5
  (Aus jeder der 5 Farben kann ein Strauß mit drei gleichfarbigen Blumen gebildet werden.)

- Zwei gleichfarbige Blumen — g g r, g g b, g g w, g g p → 4; r r g, r r b, usw. → $4 \cdot 5 = 20$
  (Jede der 5 Farben kann doppelt vorkommen und mit jeder der anderen 4 Farben kombiniert werden.)

- Drei unterschiedliche Blumen: $\binom{5}{3} = \frac{5!}{3! \cdot 2!} = 10$
  (Dies ist das „Lottoproblem"; hier: „3 aus 5".)

zusammen: 35 Kombinationen

Auch für diese Problemstellung gibt es eine Formel, die zwar nicht hergeleitet wird, mit deren Hilfe wir uns aber umständliche Ausrechnungen wie oben sparen können.
Wenn dir jedoch die Formel in einer Prüfung nicht einfallen sollte, solltest du versuchen, dir ein ähnliches Schema wie oben zurechtzulegen.

Allgemein:

$$K_{n;k\,(\text{mW/oR})} = \binom{n+k-1}{k}$$

Anzahl der **Kombinationen mit Wiederholung und ohne Beachtung der Reihenfolge** von k Elementen, die aus einem Vorrat von n verschiedenen Elementen stammen.

In unserem Beispiel können wir damit berechnen:

$$K_{5;3\,(\text{mW/oR})} = \binom{5+3-1}{3} = \binom{\dots\dots}{\dots\dots} = \frac{\dots\dots\dots}{\dots\dots\dots\dots\dots} = \dots\dots\dots$$

Diese Zahl bestätigt also die Anzahl der Kombinationen, die wir durch „Auszählen" gefunden hatten.

Die behandelten 6 Beispiele stehen für die Grundtypen der einschlägigen Aufgaben. Die Übersicht auf der nächsten Seite soll dir helfen, beim Lösen einschlägiger Aufgaben den Grundtyp zu erkennen.

Zusammenhang zwischen k und n (siehe letzte Spalte)	Reihenfolge/ Anordnung beachten	Wiederholung einzelner Elemente möglich	Formel	Bezeichnung	Beispiel
$k = n$	ja	nein	$P_{(oW)} = n!$	Permutationen ohne Wiederholung	Startaufstellung 8 Läuferinnen (k) 8 Bahnen (n)
$k < n$	ja	nein	$V_{(oW)} = \frac{n!}{(n-k)!}$	Variationen ohne Wiederholung	Startaufstellung 5 Läufer (k) 8 Bahnen (n)
$k = n$	ja	ja $n_1 \ldots n_p$ mehrfach vorkommende Elemente	$P_{(mW)} = \frac{n!}{n_1! \cdot n_2! \cdot \ldots \cdot n_p!}$	Permutationen mit Wiederholung	Buchstabenanordnung: BANANEN 7 Buchstaben (n) 2 „A" (n_1), 3 „N" (n_2)
k, n beliebig	ja	ja	$V_{(mW)} = n^k$	Variationen mit Wiederholung	Fußballtoto 3 Ergebnisse (n), 11 Spiele (k)
$k < n$	nein	nein	$K_{(oW)} = \binom{n}{k}$	Kombinationen ohne Wiederholung	Zahlenlotto 6 (k) aus 49 (n) Kugeln
k, n beliebig	nein	ja	$K_{(mW)} = \binom{n+k-1}{k}$	Kombinationen mit Wiederholung	3er (k)-Strauß aus 5 Sorten (n)

Bei den nächsten sechs Aufgaben musst du zunächst entscheiden, zu welcher Zeile der Formeltabelle der Text zugeordnet werden kann. Dazu solltest du überlegen, welche Zahlen für k und n einzusetzen sind, ob die Reihenfolge eine Rolle spielt oder nicht und ob Wiederholungen möglich sind.
Nach diesen Überlegungen wirst du sicher die richtige Formel finden.

Wenn du eine Aufgabe nicht lösen kannst, lies im Lösungsteil zunächst *nur den Lösungshinweis* durch und starte damit einen neuen Versuch. Erst wenn du auch dann nicht zurande kommst, solltest du die durchgerechnete Lösung anschauen und nachvollziehen.

Aufgaben

G6 Wie viele Möglichkeiten gibt es, ein Zahlenschloss mit 4 Zahlenringen, die jeweils die Ziffern von 1 bis 5 tragen, einzustellen?

G7 Wie viele verschiedene Fotos kann man von den nebeneinander stehenden Bürgermeistern der 7 wichtigsten Gemeinden eines Landkreises machen?

G8 Für ein Fußballturnier melden sich 16 Mannschaften. Für die Vorrunde werden die Gruppen A, B, C und D zu je 4 Mannschaften ausgelost.
Wie viele verschiedene Zusammenstellungen gibt es für die Gruppe A?

G9 Beim Pferderennen gibt es die so genannte 3er-Wette; dabei müssen die ersten drei von den 16 gestarteten Pferden in der richtigen Reihenfolge getippt werden.
Wie viele Tippmöglichkeiten gibt es?

(Hinweis: Bei dieser Aufgabenstellung ist es gleichgültig, ob nach einer Reihenfolge der ersten drei oder zum Beispiel der letzten drei Pferde gefragt ist.)

G10 Wie viele verschiedene Zahlen lassen sich aus den Ziffern 5, 5, 6, 6, 6, 7, 7 bilden?

G11 Ein Würfelbecher enthält 3 Würfel. Das Ergebnis eines Wurfes wird folgendermaßen ermittelt:
Die 3 Würfel werden so nebeneinander gelegt, dass die höchste Ziffer an der ersten Stelle (Hunderter), die zweithöchste Ziffer an der zweiten Stelle (Zehner) und die niedrigste Ziffer an der dritten Stelle (Einer) steht.
Wie viele verschiedene Wurfergebnisse gibt es?

G12

a) Zeige durch Berechnung der linken und der rechten Seite der Gleichung:
$\binom{6}{2} = \binom{6}{4}$ (Wende die Definition von Seite 96 an.)

b) Beweise allgemein, indem du zweimal diese Definition anwendest:
$\binom{n}{k} = \binom{n}{n-k}$

a) Zeige durch Berechnung der linken und der rechten Seite der Gleichung: **G13**

$$\binom{6}{3} = \binom{7}{3} - \binom{6}{2}$$

b) Zeige die Gleichheit durch Umformung der rechten Gleichungsseite.
Lösungshinweis:
Schreibe die rechte Gleichungsseite auf *einen* Bruchstrich.

$$\binom{7}{3} = \binom{8}{3} - \binom{7}{2}$$

c) Beweise allgemein, entweder durch Methode a) oder durch Methode b):

$$\binom{n}{k} = \binom{n+1}{k} - \binom{n}{k-1}$$

4. Bernoulli-Ketten

In diesem Abschnitt werden wieder Wahrscheinlichkeiten berechnet. Das Besondere bei den folgenden Fragestellungen ist, dass bei den Zufallsexperimenten nur jeweils zwei mögliche Ergebnisse interessieren.

Interessiert man sich bei einem Zufallsexperiment nur für die beiden Ereignisse E und $\bar{E}$, also zum Beispiel „Treffer" und „Nicht-Treffer" bzw. „Niete", so heißt das Zufallsexperiment **Bernoulli-Experiment.**

Dabei gilt für die Wahrscheinlichkeiten:

$P(E) = p =$ **Trefferwahrscheinlichkeit**
$P(\bar{E}) = q =$ **Nietenwahrscheinlichkeit**

mit $p + q = 1$ bzw. $q = 1 - p$ bzw. $p = 1 - q$

Wie du bereits weißt (vergleiche ML 621, Abschnitt E4), gilt beim einmaligen Würfeln:

- E: „Ich würfle eine Sechs" $\Rightarrow$ $P(E) = \frac{1}{6}$
- $\bar{E}$: „Ich würfle keine Sechs" $\Rightarrow$ $P(\bar{E}) = \frac{\dots\dots}{\dots\dots}$

Durch die Zusammenfassung der Würfelergebnisse „1" und „2" und „3" und „4" und „5" zu dem Ereignis „Ich würfle keine Sechs" ist daraus ein Bernoulli-Experiment geworden.

Beispiel 1 Nun geht es um die Wahrscheinlichkeit eines *zusammengesetzten Zufallsexperiments*:
Wie groß ist die Wahrscheinlichkeit dafür, dass man bei 5-maligem Würfeln *keine* Sechs würfelt?

Das Bild mit den 5 Feldern (Fünfer-Tupel) erleichtert die Antwort:

Ereignis	$\bar{6}$	$\bar{6}$	$\bar{6}$	$\bar{6}$	$\bar{6}$

Wahrscheinlichkeit $\frac{\dots}{6} \cdot \frac{\dots}{6} \cdot \frac{\dots}{6} \cdot \frac{\dots}{6} \cdot \frac{\dots}{6} = 0,\dots\dots = \dots\dots\ \%$

Beispiel 2 a) Wie lautet das Gegenereignis zu: „Bei 5-maligem Würfeln erscheint keine Sechs!"?

Das Gegenereignis lautet: „Bei 5-maligem Würfeln ……………………………………
……………………………".

(Hinweis: Das Gegenereignis lautet nicht: „Bei 5-maligem Würfeln erscheinen nur Sechsen"!)

b) Mit dem in Beispiel 1 berechneten Ergebnis lässt sich auch die nächste Fragestellung beantworten:
Wie groß ist die Wahrscheinlichkeit dafür, dass man bei 5-maligem Würfeln *mindestens* eine Sechs würfelt?

Mit E: „Bei 5-maligem Würfeln erscheint keine Sechs" und mit
$P(E) = \dots\dots$
gilt: $\bar{E}$: „Bei 5-maligem Würfeln erscheint mindestens eine Sechs" und
$P(\bar{E}) = 1 - P(E) = 1 - \dots\dots = 0,\dots\dots = \dots\dots\ \%$

Beispiel 3 Wie oft muss man mindestens würfeln, damit man mit mindestens 90%iger Wahrscheinlichkeit mindestens eine Sechs würfelt?

Jetzt musst du wahrscheinlich erst einmal tief Luft holen.

Damit die Fragestellung konkreter wird, übertragen wir sie auf ein bekanntes Spiel. Lies die Fragestellung bitte noch einmal ganz in Ruhe durch und versuche dann die „Übersetzung" zu vervollständigen.

Spielregel	Übersetzung
Beim Beginn des „Mensch-ärgere-dich-nicht"-Spiels möchte ich gerne eine 6 würfeln. Erst dann „darf ich raus".	Mich interessiert, wie oft ich …………………………… würfeln muss, damit ich einigermaßen sicher bin „raus zu dürfen". Meine Sicherheit soll ……… % oder mehr betragen. Und raus darf ich, wenn ich die erste „6" gewürfelt habe – ich kann auch sagen, wenn ich …………………………… eine „6" gewürfelt habe oder auch wenn ich eine oder …………………… Sechsen gewürfelt habe.

Zunächst werden wir den „Schreckenssatz" mit den drei *mindestens* zerlegen, um eine einfachere Formulierung zu finden.
Da wir ja nicht wissen, wie oft wir würfeln müssen, nehmen wir x als Unbekannte für die Anzahl der Würfe.
Schon die Formulierung *mindestens eine Sechs* beinhaltet viele verschiedene Einzelereignisse unter den x Würfen: eine Sechs, zwei Sechsen, drei Sechsen usw. Die Einzelereignisse lassen sich gar nicht alle exakt aufführen.

Immer wenn ein Ereignis aus unübersichtlich vielen Einzelereignissen besteht, lohnt sich der Versuch das Gegenereignis zu formulieren. Häufig ist es nämlich einfacher, das Gegenereignis zu formulieren und die zugehörige Wahrscheinlichkeit zu berechnen.

Wie können wir *mindestens eine Sechs zu mindestens 90%* anders formulieren?

Wie heisst das Gegenereignis zu *mindestens eine Sechs* und welcher Prozentsatz bleibt für das Gegenereignis „übrig"?
Das Gegenereignis zu *mindestens eine Sechs* lautet: „.................................. Sechs".

Wenn für die Wahrscheinlichkeit des Ereignisses *mindestens 90%* gilt, dann bleiben als Wahrscheinlichkeit für das Gegenereignis nur noch „... 10%".

Mindestens eine Sechs zu mindestens 90% bedeutet **dasselbe** wie: *Keine Sechs zu höchstens 10%.*

Lies dir diese Formulierungen noch einmal genau durch, damit du sicher bist, dass beide Aussagen **dasselbe** bedeuten!

Da wir P (keine Sechs) kennen, lautet die Fragestellung für das Gegenereignis: Wie oft muss $\frac{5}{6}$ mit sich selbst multipliziert werden, um die Grenze von 10% zu unterschreiten? (Vergleiche die Berechnung der Wahrscheinlichkeit in Beispiel 1.)

Der Vorteil dieser Formulierung liegt darin, dass sich damit leicht eine Gleichung bzw. Ungleichung formulieren lässt.
Mit der Einzelwahrscheinlichkeit $P(\text{keine Sechs}) = \frac{5}{6}$ lässt sich die zweite Formulierung als Ungleichung schreiben: $\left(\frac{5}{6}\right)^x \leqq$ ....

Bei der Lösung dieses Aufgabentyps geht es schneller, wenn du bereits Exponentialgleichungen (vergleiche Kapitel F) kennen gelernt hast. Falls dir die Stichworte „Exponentialgleichung" und „Logarithmus" unbekannt sind, kannst du dieses Beispiel aber auch durch Ausprobieren, nämlich schrittweise mit deinem Taschenrechner, lösen.

2. Schritt

Auf der Vorderseite wurde die Einzelwahrscheinlichkeit für genau die dort angegebene Verteilung berechnet.

Für *jede andere* Anordnung der drei Sechsen und sieben Nicht-Sechsen ergibt sich dieselbe Einzelwahrscheinlichkeit, denn bei einem Produkt dürfen die Faktoren vertauscht werden (Kommutativgesetzt).
Wir müssen also noch überlegen, *wie viele* verschiedene Anordnungen bzw. Einzelereignisse möglich sind.

- Entweder kannst du sagen: „Die drei Sechsen können sich beliebig auf die 10 Plätze verteilen."
  Wenn du nun die 10 Plätze durchnummerierst, suchst du nach der Anzahl von Möglichkeiten, drei dieser Platznummern auszuwählen. Dies bedeutet – genau wie bei den Lottozahlen –, es gibt $\binom{10}{3}$ verschiedene Möglichkeiten!
- Oder du kannst argumentieren: „Die sieben Nicht-Sechsen belegen irgendwelche der 10 Plätze."
  Dies bedeutet analog, es gibt $\binom{10}{7}$ verschiedene Möglichkeiten!

Da du aus Aufgabe G12 weißt, dass $\binom{10}{3} = \binom{10}{7}$ gilt, können wir die gesuchte Wahrscheinlichkeit berechnen.

3. Schritt

Die Wahrscheinlichkeit für das Ereignis „... bei 10-maligem Würfeln genau 3-mal eine Sechs ..." ergibt sich als Produkt aus den Einzelwahrscheinlichkeiten mal der Anzahl der Vertauschungen:

$$P(3 \text{ mal Sechs bei 10-mal Würfeln}) = \binom{10}{3} \cdot \left(\frac{1}{6}\right)^{\dots\dots} \cdot \left(\frac{5}{6}\right)^{\dots\dots} =$$

$$= \dots\dots\dots\dots = \dots\dots\dots\dots \%$$

Die Überlegungen zum Beispiel 4 lassen sich in eine allgemeine Formel schreiben, wenn wir die gängigen Begriffe verwenden:

- Das BERNOULLI-Experiment bestand aus den beiden Einzelereignissen „6" und „$\bar{6}$".
- $P(E) = P(6) = \frac{1}{6} = p =$ *Trefferwahrscheinlichkeit*
- $P(\bar{E}) = P(\bar{6}) = \frac{5}{6} = q =$ *Nietenwahrscheinlichkeit*
- $p + q = 1$
- Die Zahl n, die angibt, wie oft das BERNOULLI-Experiment durchgeführt wird, heißt **Länge der BERNOULLI-Kette**. Im Beispiel 4 gilt: $n = 10$
- Die **Anzahl der Treffer** wird mit k bezeichnet. Im Beispiel 4 gilt: $k = 3$

Wenn die Frage lautet:
„Wie groß ist die Wahrscheinlichkeit, dass sich bei der Durchführung von n unabhängigen BERNOULLI-Experimenten (Länge der BERNOULLI-Kette sei n) genau k Treffer ergeben, wenn die Trefferwahrscheinlichkeit den Wert p hat?",

gilt für die Antwort die **BERNOULLI'sche Formel**:

$$P(\text{genau } k \text{ Treffer}) = B(n; p; k) = \binom{n}{k} \cdot p^k \cdot q^{n-k}$$

Beispiel 5

Die BERNOULLI'sche Formel lässt sich auch bei Fragestellungen nach zusammengesetzten Ereignissen anwenden:

Ein Glücksrad ist in vier gleich große, verschiedenfarbige (schwarz, weiß, grau, blau) Sektoren aufgeteilt.
Wie groß ist die Wahrscheinlichkeit, dass der Zeiger bei 5-maligem Drehen *mindestens* einmal im blauen Sektor stehen bleibt?

1. Lösungsweg Direkter Weg

Überlege dir zunächst wieder, welche Einzelereignisse durch die Formulierung *mindestens einmal blau* zusammengefasst werden.
Wenn wir den direkten Weg gehen, müssen wir fünf verschiedene Einzelwahrscheinlichkeiten berechnen und addieren:

$$P(\text{mindestens } 1 \times \text{blau}) = P(1 \times \text{blau}) + P(2 \times \text{blau}) + P(3 \times \text{blau}) + \\ + P(4 \times \text{blau}) + P(5 \times \text{blau})$$

Die Einzelwahrscheinlichkeiten können wir nach der Formel berechnen:

$$P(k \times \text{blau}) = B(n; p(\text{blau}); k) = \binom{n}{k} \cdot p(\text{blau})^k \cdot q(\text{nicht blau})^{n-k}$$

Mit $n = 5$, $p(\text{blau}) = \frac{1}{4} = 0{,}25$ und $q(\text{nicht blau}) = \frac{\ldots\ldots}{\ldots\ldots} = \ldots\ldots\ldots$ erhalten wir:

$P(1 \times \text{blau}) = B(5; 0{,}25; 1) = \binom{5}{1} \cdot 0{,}25^1 \cdot 0{,}75^4 = \ldots\ldots\ldots\ldots$

$P(2 \times \text{blau}) = B(5; 0{,}25; 2) = \binom{5}{\ldots\ldots} \cdot 0{,}25^{\ldots} \cdot 0{,}75^{\ldots} = \ldots\ldots\ldots\ldots$

$P(3 \times \text{blau}) = B(5; 0{,}25; \ldots\ldots) = \ldots\ldots\ldots\ldots\ldots\ldots\ldots\ldots = \ldots\ldots\ldots\ldots$

$P(4 \times \text{blau}) = B(5; \ldots\ldots\ldots\ldots) = \ldots\ldots\ldots\ldots\ldots\ldots\ldots\ldots = \ldots\ldots\ldots\ldots$

$P(5 \times \text{blau}) = \ldots\ldots\ldots\ldots\ldots\ldots = \ldots\ldots\ldots\ldots\ldots\ldots\ldots\ldots = \ldots\ldots\ldots\ldots$

Als *Summe* ergibt sich: ....

2. Lösungsweg

Überlege jetzt, wie das Gegenereignis lautet.

Ereignis: „Bei 5-mal Drehen mindestens einmal blau."

Gegenereignis: „Bei 5-mal Drehen ...."

Diese *Einzel*wahrscheinlichkeit des Gegenereignisses lässt sich leicht berechnen – und damit auch die Wahrscheinlichkeit des Ereignisses:

P (5-mal Drehen; mindestens 1-mal blau) = 1 – P (5-mal Drehen; 0-mal blau) =

$= 1 - B\,(5; 0{,}25; 0) =$

$= 1 - \binom{5}{0} \cdot 0{,}25^0 \cdot 0{,}75^5 =$ (Erinnere dich: $0{,}25^0 = \ldots$.)

$= 1 - \frac{\ldots\ldots}{\ldots\ldots} \cdot \ldots\ldots \cdot \ldots\ldots =$ (Erinnere dich: $0! = \ldots$.)

$= 1 - \ldots\ldots = \ldots\ldots$

Dieses Ergebnis stimmt mit dem Ergebnis des 1. Lösungsweges überein, aber der Rechenaufwand war jetzt sehr viel geringer!

- Versuche das Ereignis, dessen Wahrscheinlichkeit du berechnen sollst, mit eigenen Worten zu formulieren.
- Meist hilft es weiter, wenn du dir ein Tupel mit einer konkreten Belegung und darunter den zugehörigen Wahrscheinlichkeiten aufzeichnest.
- Wenn in der Aufgabenstellung *mindestens* oder *höchstens* auftaucht, solltest du prüfen, ob die Berechnung des Gegenereignisses schneller zum Ziel führt.
- Ein „Bernoulli" liegt immer dann vor, wenn das Zufallsexperiment nur zwei Ergebnisse hat oder wenn die Elementarereignisse zu zwei Ergebnisgruppen zusammengefasst wurden.
- Die wichtigste Formel in diesem Zusammenhang:

  $P\,(\text{genau } k \text{ Treffer}) = B\,(n; p; k) = \binom{n}{k} \cdot p^k \cdot q^{n-k}$
- Überlege bei jeder Aufgabe: Was ist n, p und k?

Aufgabe G 15

Die Ausschusswahrscheinlichkeit bei der Produktion eines Massenartikels sei 5 %. Welches Ereignis ist wahrscheinlicher?

A: Unter 10 herausgegriffenen Stücken befindet sich kein defektes Teil.

B: Unter 20 herausgegriffenen Stücken befindet sich höchstens ein defektes Teil.

Aufgaben

G16

Eine Urne enthält 10 blaue und 15 schwarze Kugeln. Es wird 10-mal mit Zurücklegen gezogen. (Durch das Zurücklegen ändert sich die Einzelwahrscheinlichkeit beim Ziehen nicht.)
Berechne die Wahrscheinlichkeiten der folgenden Ereignisse.

A: Alle Kugeln sind schwarz
B: 4 Kugeln sind blau
C: Die Zahl der blauen Kugeln ist kleiner als 3

G17

Bei einer Prüfung wird das Ergebnis durch einen „Multiple-Choice-Test" ermittelt. Es werden 5 Aufgaben gestellt, die durch Ankreuzen des richtigen Ergebnisses gelöst werden sollen; dabei stehen hinter jeder der 5 Aufgaben 3 verschiedene Ergebnisse, wovon jeweils genau eines richtig ist.
Die Prüfung gilt als bestanden, wenn mindestens 4 Ergebnisse richtig angekreuzt wurden.
Wie groß ist die Wahrscheinlichkeit, die Prüfung zu bestehen, wenn man sich ganz auf sein Glück verlässt und jeweils rein zufällig ein Ergebnis ankreuzt?

G18

Bei der Herstellung eines elektronischen Produktes rechnet die Firma mit einem Ausschussanteil von 4%.
Ein Kunde, der eine große Anzahl der elektronischen Bauteile kaufen will, versucht anhand einer Stichprobe den Ausschussanteil zu überprüfen. Er stellt folgende Bedingung: Sind unter 50 Prüfstücken mehr als 3 defekt, so tritt er vom Kauf zurück.

(Man sagt auch: Der Kunde stellt die **Hypothese** auf, „falls von 50 Prüfstücken mehr als 3 defekt sind, stimmt die Angabe des Händlers über den Ausschussanteil von 4% nicht". Er nimmt dann an, der Ausschussanteil sei in Wahrheit höher als 4%, und tritt deshalb vom Kauf zurück.)

a) Wie groß ist die Wahrscheinlichkeit, dass der Kunde nicht kauft, obwohl der Ausschussanteil der Firmenangabe entspricht?

b) Wie groß ist die Wahrscheinlichkeit, dass der Kunde kauft, obwohl der Ausschussanteil – entgegen der Firmenangabe – 6% beträgt?

Wie im Band Algebra 1 versprochen, findest du hier weitere Hinweise zum Thema Prüfungsangst – und was du dagegen tun kannst!

Auf die Perspektive kommt es an !

Der Prüfungsangst

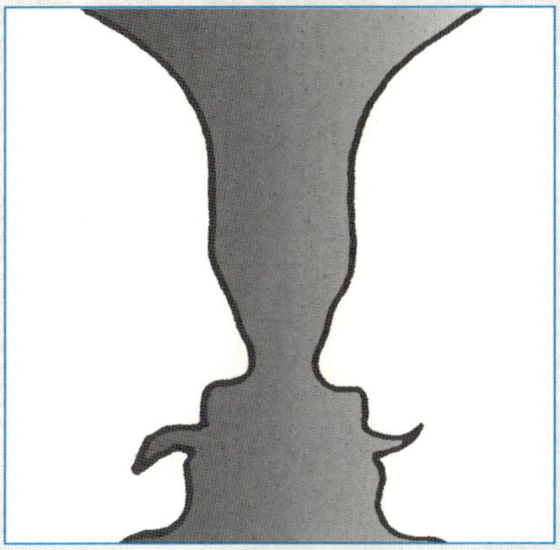

durch eine andere Sicht der Dinge begegnen

Wenn du dir einen Horrorfilm anschaust und es dir zu viel wird, dann schaltest du ab.

Für den Horror der Prüfungsangst gibt es leider keinen solchen Schalter.

Aber du bist auch nicht machtlos.

Denn: Wissen ist Macht.
Es geht hier nicht um das Wissen für die Prüfung.
Du musst etwas über das Wesen der Prüfungsangst wissen, um sie zu besiegen!

Wie entsteht Angst?

Angst entsteht dann, wenn ein Mensch sich einer Situation gegenübersieht, die er als bedrohlich empfindet und von der er annimmt, dass er sie nicht vermeiden bzw. beherrschen kann.

Schüler mit Prüfungsangst denken (teils bewusst, teils unbewusst), sie könnten die Prüfung nicht bewältigen – unabhängig davon, ob das nun der Wahrheit entspricht oder nicht. Die Prüfungsangst entsteht also im eigenen Kopf.

Typische Gedanken prüfungsängstlicher Menschen sind:

„Ich kann das ja eh nicht",
„Ich kann überhaupt nichts",
„Die Prüfung bestehe ich nur mit Glück!"
(ich misstraue meinen Fähigkeiten),
„Ob ich die Prüfung wohl bestehe?",
„Ich muss die Prüfung bestehen!"
(aber eigentlich zweifle ich daran).

Ändere deine Einstellung zu dir selbst und die Prüfungsangst vergeht!

Wie geht das – seine Einstellung zu sich ändern?
Auf den nächsten Seiten findest du dazu ein paar Möglichkeiten.

Methode I: Von wegen „Selbstlob stinkt" – Selbstlob hilft!

Pluspunkte suchen

Überlege dir einmal, was du alles kannst, was positiv an dir ist. Beziehe dabei dein ganzes Leben ein – nicht nur die Schule. Jeder Mensch findet bei genauem Hinsehen mindestens 15 Pluspunkte an sich – manchmal braucht man nur länger dazu, weil man blind ist gegenüber seinen eigenen Vorzügen bzw. weil man vielleicht dazu erzogen worden ist, nicht zu positiv über sich selbst zu denken. Freue dich in aller Stille über deine Stärken und fühle die eigene Kraft.

Die Methode kann man dann weiterführen, z.B. in dem Fach, in dem man schon einige Misserfolge hat einstecken müssen. Auch hier findet man Dinge, die man beherrscht, neben denen, die man tatsächlich nicht kann. Denke an all das, was du kannst! Mit der Stärke, die man aus dem Wissen um die eigenen Fähigkeiten zieht, kann man viel besser die vorhandenen Schwächen angehen und beseitigen.

Langfristige Möglichkeiten auftun

Schwächen zu beseitigen mag dir recht schwierig erscheinen. Aber wenn man dieses Problem längerfristig angeht, wird es beherrschbar:

Du könntest für die nächsten längeren Ferien einen Paukkurs buchen oder jemanden auftreiben, der dir mal etwas erklären kann. Du könntest dir Gleichgesinnte für eine „Task-force-Group" suchen, in der ihr euch gemeinsam vorbereitet, miteinander lernt und vielleicht euch gegenseitig auch etwas erklären könnt. Ein Buch wie dieses arbeitet sich vielleicht zu zweit oder dritt leichter durch.

Und wenn wirklich alle Stricke reißen: Wär's denn so schlimm, wenn du die Klasse wiederholen müsstest? Sicher wäre es furchtbar ärgerlich und im Prinzip eine doofe Zeitverschwendung – aber die Welt ginge doch nicht unter, oder?

Methode II: Wisse, was du tust!

Führe eine Zeit lang ein Tagebuch über alles, was du für die Schule getan hast. Vor einer Klassenarbeit kannst du dann die Stunden zusammenzählen. Nicht selten ist die Zahl viel höher, als du dir vorgestellt hast. Wenn ein Schwall von Angst kommt, kannst du dir dann selbstbewusst sagen: *„Ich habe ... Stunden gelernt. Ich habe jedes Kapitel gründlich durchgearbeitet. Ich habe alles getan, was ich tun kann."*

Vorsicht: Einmal ist keinmal!

Für beide Methoden gilt, und das ist ganz, ganz wichtig: Du darfst sie nicht nur einmal durchführen, sondern musst es regelmäßig tun – bis du von innen heraus deine Art verändert hast, die schulischen Herausforderungen zu betrachten.

Methode III: Den Teufel an die Wand malen, um ihn zu vertreiben

Prüfungen sind deshalb oft so angstbesetzt, weil man sich Katastrophen ausmalt, die – nüchtern betrachtet – gar nicht eintreten werden. *„Wenn ich diese Arbeit verhaue, falle ich durch!"* – Das gilt wirklich nur nach einer langen Reihe von Fünfern und Sechsern und am Jahresende, aber sicher nicht bei einer Klassenarbeit am Jahresanfang oder in der Mitte. *„Wenn ich durchfalle, liebt mich keiner mehr, lachen mich alle aus, bringen mich meine Eltern um, habe ich keinerlei Berufsaussichten ..."* – Ist das tatsächlich so?

Nimm dir einmal in einer ruhigen Stunde (also ja nicht vor der Klassenarbeit!) die Zeit, den Teufel an die Wand zu malen, d.h. deine Katastrophenvorstellungen aufzuschreiben. Schreibe wirklich alle Gedanken auf – das ist besser, als nur deine Vorstellungskraft zu nutzen. Du wirst feststellen, dass manches schon an Schrecken verliert, wenn man es geschrieben vor sich sieht: Manchmal fällt dann überdeutlich auf, dass einiges schon ein wenig absurd klingt.

Sicher – deine Eltern werden nicht gerade glücklich über eine schlechte (Zeugnis-) Note sein, aber umbringen werden sie dich sicher nicht.

Und deine besten Freunde werden dich auch nicht auslachen oder weniger lieben – tun sie es doch, entpuppen sie sich als schlechte Freunde, und das ist vielleicht eine schmerzlichere Erfahrung.

Die realistische Betrachtung der Katastrophenängste hilft dir, die innere Spannung abzubauen, weil du merkst, dass dir gar keine wirklichen Katastrophen drohen!

Expertenrat einholen

Und wenn du wirklich feststellst, dass du mit den möglichen Konsequenzen nicht fertig werden kannst – suche den Rat von Experten.

Oft gibt es Wege, die du nicht kennst oder die dir nicht bewusst sind. Sprich mit dem Beratungslehrer, dem Schulpsychologen, dem Berufsberater ...

Ein Hilfsmittel gegen die Prüfungsangst sind übrigens auch noch Entspannungsübungen. Eine Möglichkeit ist zum Beispiel diese:

Sich aus dem Stress hinwegträumen ...

Der Kern der Übungen besteht darin, dass man sich auf den Schwingen der Phantasie an einen Ort begibt, der mit Entspannung und Wohlgefühl verbunden ist. Das ist für jeden ein anderer Ort, eine Sommerwiese, ein Garten, am Fluss, auf einem Berg, am Strand, auf einem Boot dahintreibend. Wähle deine persönlichen „Wohlfühl-Orte"! Möglich sind im Übrigen auch Wanderungen durch eine Landschaft; man sollte aber nicht zu viel auf einmal in eine Übung hineinpacken.

Während dieser Phasen der Entspannung richtet man positive Botschaften an sich selbst. Im Zustand der Entspannung sind wir besonders aufnahmebereit, und die positiven Botschaften können dann umso besser auf das Selbstbewusstsein einwirken. Beispiele für solche po-

sitiven Sätze sind: *Ich bin ganz ruhig. – Ich atme gleichmäßig und ruhig. – Mir ist warm. – Ich spüre meine Stärke. – Ich schaffe es. – Klarheit ist da. – Ich stehe da wie ein starker Baum, tief verwurzelt in der Erde.*

Die Sätze dürfen nicht in verneinter Form gebildet werden (z.B. *Ich bin nicht verspannt*), weil dadurch eine negative Situation wieder in Erinnerung gerufen wird.

Gehe folgendermaßen vor:

- **Hinlegen** (aber nicht, wenn man ohnehin schon müde ist!) oder vernünftig sitzen.
- **Augen schließen** (wenn du die Augen lieber offen lässt, auf eine Umgebung achten, in der du möglichst wenig Ablenkendes sehen kannst.)
- **Auf den Atem konzentrieren**; gleichmäßig und ruhig atmen; den Atem kommen und gehen lassen wie die Wellen am Meer ...
- Nun in Gedanken den vorher ausgesuchten **Entspannungsort aufsuchen** und diesen der Reihe nach **mit allen Sinnen wahrnehmen**:
  - Schaue herum und betrachte alles, was du sehen kannst!
  - Höre, was du an dem Ort alles hören kannst!
  - Rieche, was hier zu riechen ist!
  - Schmecke auch, wenn du an dem Ort etwas zu dir nehmen kannst.
  - Spüre alles, was du fühlen kannst!
- Jetzt, im Zustand tiefster Entspannung, sage dir deine **positiven Botschaften**. Beschränke dich aber auf eine oder zwei pro Übung!
- **Langsame Rückkehr**: mehrfach kräftig durchatmen, auf die tatsächliche Umgebung hören und die Geräusche wahrnehmen, langsam die Augen öffnen, sehr langsam aufstehen (v.a. wenn man einen niedrigen Blutdruck hat).

Für diese Technik gilt wie für alle Entspannungsübungen:

- Man muss sie einige Zeit regelmäßig trainieren (am besten zwei bis drei Monate lang ein- bis zweimal täglich ca. 5 Minuten), denn nur dann kommt man in einen gewissen dauerhaften Ruhezustand.
- Sie hilft nur die Symptome der Angst zu verringern, beseitigt jedoch die eigentlichen Ursachen von Nervosität bzw. Angst nicht.
- Ob dir diese Form von Entspannungsübung liegt, kannst du nur feststellen, wenn du sie ein oder zwei Wochen lang regelmäßig ausprobierst. Wenn die Technik dir nichts bringt, solltest du eine andere suchen. Es gibt nicht **die** Technik, die allen hilft! Wem die Übung aber liegt und wer sie regelmäßig trainiert, der hat damit ein sehr wirksames Mittel gegen Prüfungsängste in der Hand.

Wenn man die Übungen oft durchgeführt hat, kann man eine **Kurzform** auch in **Prüfungen** (Klausuren) einsetzen; sie dauert höchstens eine Minute – eine Minute, die vielleicht hilft, aus einer Gedankenblockade herauszukommen, die man sicher durch krampfhaftes Grübeln nicht verlassen kann:

Augen schließen – auf den Atem konzentrieren – einen Entspannungsort aufsuchen, der für einen der absolute Inbegriff von Entspannung ist, und bewusst z.B. alles hören oder sehen oder fühlen (hier aber nur einen Sinn einschalten, nicht das ganze Programm durchführen!!) – kräftig durchatmen – Augen öffnen – da sein und erfolgreich weiterarbeiten!

Schöne Beispiele für Phantasiereisen sind in dem folgenden Buch zu finden:
Else Müller: Du spürst unter deinen Füßen das Gras. Autogenes Training in Phantasie- und Märchenreisen. Fischer Taschenbuch 3325.

Da bleibt mir ja die Luft weg ...

Hier noch ein paar reine Atemübungen, die dir in Stresssituationen auch weiterhelfen können, besonders dann, wenn du sie vorher regelmäßig trainiert hast. Am besten übst du fünfmal täglich, jeweils 1–2 Minuten bei geöffnetem Fenster.

Zunächst einige allgemeine Hinweise:

Die erste der Übungen (Weg des Atems) kann man sogar „öffentlich", also beispielsweise während einer Klassenarbeit, durchführen, weil sie ganz unauffällig ist; die anderen Übungen verhelfen dir langfristig und unabhängig von einer bestimmten Situation zu innerer Ruhe.

Die kurze Zeit, die eine solche Übung dauert, ist selbst während einer Arbeit gut angelegt – wenn du vor lauter Stress gar nichts mehr aufs Blatt bringst, verlierst du viel mehr.

Damit die Übungen wirksam sind, musst du dich in der kurzen Zeit, in der du sie ausführst, ganz auf sie konzentrieren, musst versuchen, für diese paar Sekunden an nichts anderes zu denken. Du spürst nur deine Atmung, dich selbst und deine ganze innere Kraft.

Die Atemübungen sind verträglich für fast alle Menschen. VORSICHT JEDOCH: Asthmatiker sollten sie nur nach Rücksprache mit dem Arzt anwenden; bei manchen Asthmatikern führt nämlich die Konzentration auf die Atmung nicht zur Entspannung, sondern zur Verkrampfung und damit unter Umständen zu einem Asthmaanfall.

Manchmal (abhängig vom Blutdruck) kann es auch zu leichten Kopfschmerzen oder Schwindelgefühlen kommen; dann sollte man einfach mit der Übung aufhören.

Richtiges Atmen umfasst zweierlei:

- nicht nur in den Brustraum zu atmen, sondern in den Brust-, Bauch- und Rippenraum („Vollatmung"); beim Einatmen hebt sich dann der Bauch, beim Ausatmen senkt er sich, und die Schultern bleiben dabei völlig ruhig (nicht hoch ziehen!);
- etwas länger auszuatmen als einzuatmen, damit die ganze Restluft, auch die unten an den Lungenspitzen, hinausbefördert wird. Wenn man normal atmet, holt man manchmal tief Luft und atmet ebenso kräftig aus – das sind die Atemzüge, in denen nachgeholt wird, was man sonst versäumt. Ob man beim Ausatmen auch die Restluft hinausbefördert, kann man daran merken, dass diese Restluft etwas wärmer ist als die normale ausgeatmete Luft – sie befindet sich ja schon länger im Körper.

Während einer Atemübung konzentrierst du dich ganz auf die Atmung, um auf diese Weise möglichst wenig zu denken – du spürst nur, wie die Luft hinein- und wieder hinausströmt. Sitze dabei gerade, aber biege den Rücken nicht zum Hohlkreuz durch.

Und jetzt verschiedene Übungsformen:

Weg des Atems

Spüre dem Weg des Atems nach: wie er durch die Nase oder den Mund hereinströmt, durch den Hals hinunter in den Oberkörper zieht, wie sich der Oberkörper und der Bauch weiten. Spüre, wie der Atem von innen her am Rücken entlangzieht und ihn gleichsam streichelt.

Und spüre dann, wie der Atem dich wieder verlässt – Schritt für Schritt.

Wenn du die Übung öfters machst, kannst du dir auch vorstellen, dass du den Atem durch deinen restlichen Körper schickst – in die Arme, in die Beine, in den (oft sehr verspannten) Nacken oder den Kopf. Das ist natürlich nur eine Vorstellung, aber sie hilft dabei, sich körperlich zu entspannen.
Diese Übung „Weg des Atems" ist besonders für ein unauffälliges Atem„training" während der Klassenarbeit oder der Stunde geeignet.

Vogelschwingenatmen

Beim Einatmen die Arme wie die Flügel eines Vogels ganz langsam seitlich hoch ziehen, beim Ausatmen absenken. Die Bewegung musst du ruhig und gleichmäßig durchführen. Auch wenn's komisch wirkt: Am besten ist es, wenn du dich dabei im Raum bewegst – besser gesagt: schwebst wie ein Vogel. Stelle dir sogar richtiggehend vor, du seiest ein Vogel und schwebtest dahin. Solche bildlichen Vorstellungen wirken zusätzlich entspannend, weil sie deine Gedanken von dem Stress, der dich quält, weglenken.
Diese Übung dient wie die nächste dazu, den Oberkörper während des Einatmens zu weiten bzw. ihn kleiner zu machen, um das Ausatmen zu unterstützen.

Begrüßung der Sonne

Beim Einatmen die nach vorne gehaltenen Arme hoch ziehen, beim Ausatmen absenken. Langsam durchführen! Stelle dir vor, wie vor dir die große Sonne ist, die du begrüßt.

Reinigungsatmen

Atem stoßweise (klingt wie eine Dampflok) oder unter langem Zischen abgeben, bis nichts mehr geht. Nicht zu früh aufhören – wenn man meint, man müsse aufhören, ist meist immer noch Restluft im Oberkörper. Bei dieser Übung muss man oft husten – ein gutes Zeichen, weil dabei die Lunge gereinigt wird.

Mathematische Zeichen und Abkürzungen

$\mathbb{N}$	Menge der natürlichen Zahlen $\mathbb{N} = \{1; 2; 3; 4; \ldots\}$
$\mathbb{N}_0$	Menge der natürlichen Zahlen einschließlich der Null $\mathbb{N}_0 = \{0; 1; 2; 3; 4; \ldots\}$
$\mathbb{Z}$	Menge der ganzen Zahlen $\mathbb{Z} = \{\ldots; -3; -2; -1; 0; 1; 2; 3; \ldots\}$
$\mathbb{Q}$	Menge der rationalen Zahlen (Zur Menge der ganzen Zahlen kommen noch die Brüche hinzu.)
$\mathbb{Q}^+$	Menge der positiven rationalen Zahlen
$\mathbb{Q}^-$	Menge der negativen rationalen Zahlen
$\mathbb{R}$	Menge der reellen Zahlen (Zur Menge der rationalen Zahlen kommen noch die irrationalen Zahlen; z. B. $\sqrt{2}$; π …, hinzu.)
$\{\ \}$ oder $\emptyset$	leere Menge
$\{a; b; c\}$	Menge mit den Elementen *a, b* und *c*
$\{x \mid \ldots\}$	Menge aller *x*, für die gilt … bzw. Menge aller *x* mit der Eigenschaft …
$\mathbb{G}$	Grundmenge
$\mathbb{D}$	Definitionsmenge
$\mathbb{L}$	Lösungsmenge
$\setminus$	ohne; z. B.: $A \setminus B$ Menge *A* **ohne** Menge *B*
$\in$	… Element von …
$\notin$	… nicht Element von …
$\subseteq$	… Teilmenge von …
$\subset$	… echte Teilmenge von …
$\cup$	… vereinigt mit …
$\cap$	… geschnitten mit …
$\vee$	… oder auch …
$\wedge$	… und zugleich …
$\neg$	nicht … bzw. Verneinung
$=$	… gleich …
$\neq$	… nicht gleich …

$\triangleq$	entspricht
$>$	… größer als …
$\geqq$	… größer oder gleich …
$<$	… kleiner als …
$\leqq$	… kleiner oder gleich …
$\approx$	… ungefähr gleich …
$\sim$	… direkt proportional … bzw. … ählich zu …
$\Rightarrow$	aus … folgt bzw. wenn … dann …
$\Leftrightarrow$	… äquivalent … bzw. … genau dann, wenn …
$\lvert a \rvert$	(absoluter) Betrag von *a*
$\sqrt{a}$	Wurzel aus *a*
f, g, h …	Funktionen
f^*, f^{-1}	Umkehrfunktion
P, A, B, …	Punkte
$P(x \mid y)$	Punkt *P* mit den Koordinaten *x* und *y*
g, h, …	Geraden
PQ	Gerade durch *P* und *Q*
$[PQ$	Halbgerade durch *Q* mit dem Anfangspunkt *P*
$[PQ]$	Strecke mit den Endpunkten *P* und *Q*
$\overline{PQ}$	Länge der Strecke $[PQ]$
$k(M; r)$	Kreislinie mit dem Mittelpunkt *M* und dem Radius *r*
$\sphericalangle PQR$	Winkel mit dem Scheitel *Q* und dem ersten Schenkel $[QP$ und dem zweiten Schenkel $[QR$ bzw. Maß dieses Winkels bzw. Größe dieses Winkels
$\alpha, \beta, \gamma, \varphi, \psi, \omega$, …	Maße von Winkeln
$\perp$	… senkrecht auf … bzw. … orthogonal zu … bzw. … rechtwinklig zu …

$\parallel$	… parallel zu …
$\cong$	… kongruent zu …
$\overrightarrow{PQ}$	Vektor mit Anfangspunkt P und Endpunkt Q
$\vec{a}$	Vektor
$\lvert\vec{a}\rvert$ oder a	Länge des Vektors $\vec{a}$
$\begin{pmatrix} a \\ b \end{pmatrix}$	Vektor mit den Komponenten a und b bzw. den Koordinaten a und b
$\vec{a}+\vec{b}$ bzw. $\vec{a}\oplus\vec{b}$	Vektoraddition
$\vec{a}\circ\vec{b}$ bzw. $\vec{a}\cdot\vec{b}$	Vektormultiplikation (Skalarprodukt)
$\overset{a}{\longmapsto}$	… wird durch eine Achsenspiegelung an der Achse a abgebildet auf …
$\overset{Z}{\longmapsto}$	… wird durch eine Punktspiegelung am Punkt Z abgebildet auf …
$\overset{D;\varphi}{\longmapsto}$	… wird durch eine Drehung um den Punkt D mit dem Drehwinkel φ abgebildet auf …
$\overset{\vec{a}}{\longmapsto}$	… wird durch die Verschiebung um den Vektor $\vec{a}$ abgebildet auf …
$\overset{\frown}{S_1S_2}$	Kreisbogen von $S1$ nach $S2$ (gegen den Uhrzeigersinn)

⊾	rechter Winkel bzw. Winkel mit 90°
$d(P;g) = 2\text{ cm}$	Abstand des Punktes P von der Geraden g gleich zwei Zentimeter
$\sphericalangle(g;h)$	Winkel mit dem ersten Schenkel g und dem zweiten Schenkel h
w_α	Winkelhalbierende des Winkels α
h_c	Höhe auf die Seite c
m_c	Mittelsenkrechte der Seite c
$\triangle ABC$	Dreieck mit den Eckpunkten A, B und C
$\mathbb{E}$	Ebene
q	Abbildungsmaßstab
ω	Abbildungswinkel
V	Volumen bzw. Rauminhalt
A	Flächeninhalt
E	Ereignis
m	Mittelwert
Ω	Ergebnisraum
$\overline{E}$	Gegenereignis
$P(E)$	Wahrscheinlichkeit von E
$\lvert E\rvert$	Mächtigkeit von E
σ	Streuung bzw. Standardabweichung
$E(x)$, $\mu(x)$	Erwartungswert von x
$mA(x)$	mittlere Abweichung von x
$Var(x)$	Varianz von x

Erstelle dir vor der Benutzung mindestens 5 Kopien von diesem leeren Achsenkreuz!

4
Figur

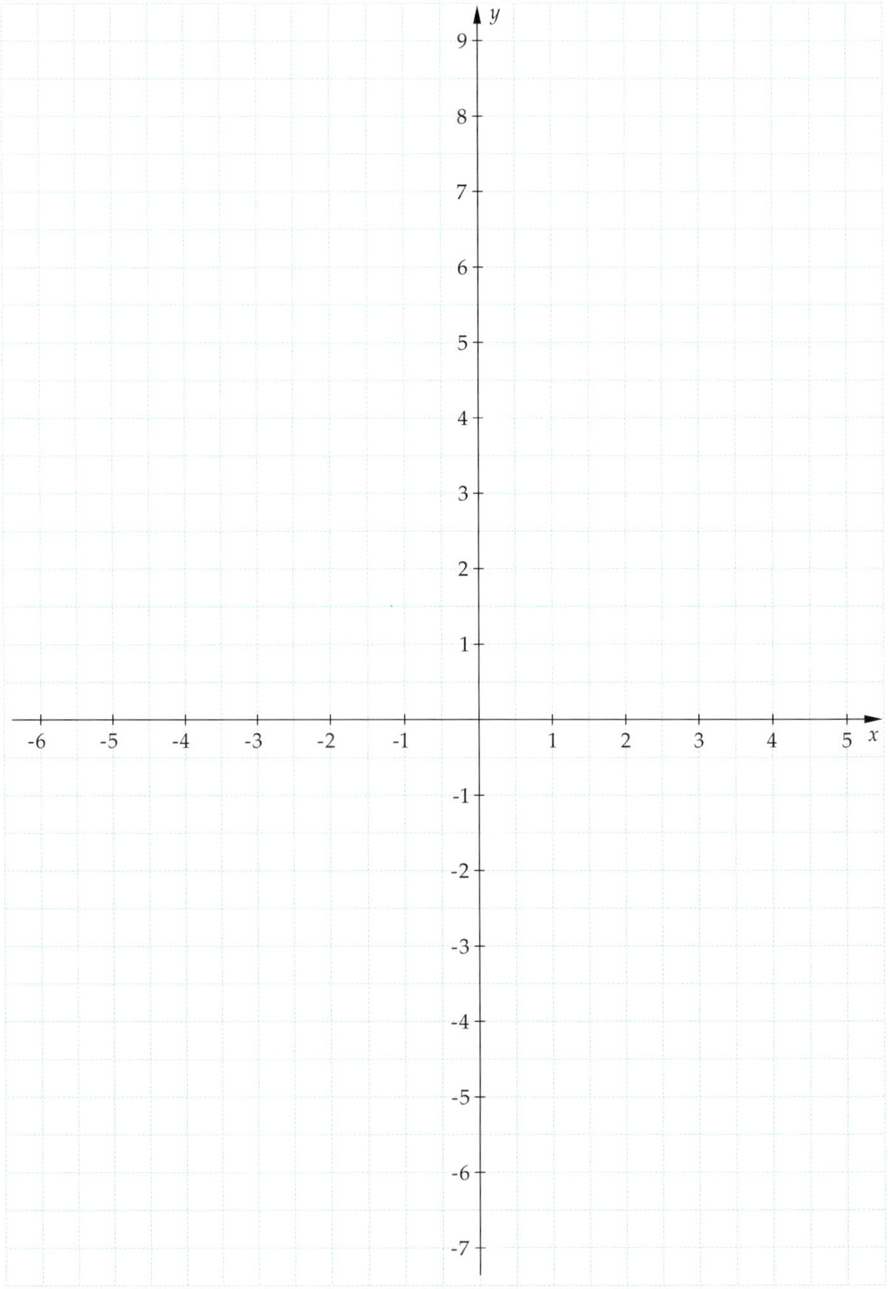

hier Pappe unterlegen, mit Messer anritzen und heraustrennen (aus technischen Gründen nicht perforiert)

Zeichnungsvorlagen S. 17

Beispiel 5

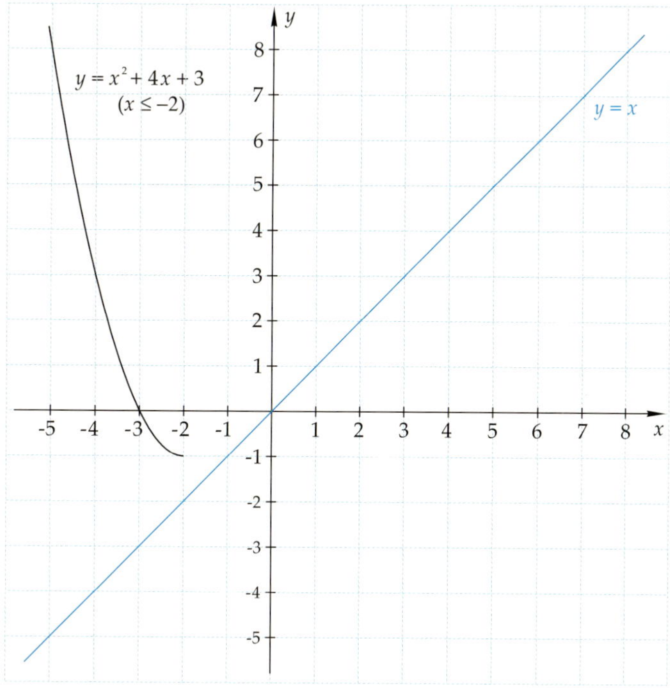

17
Figur

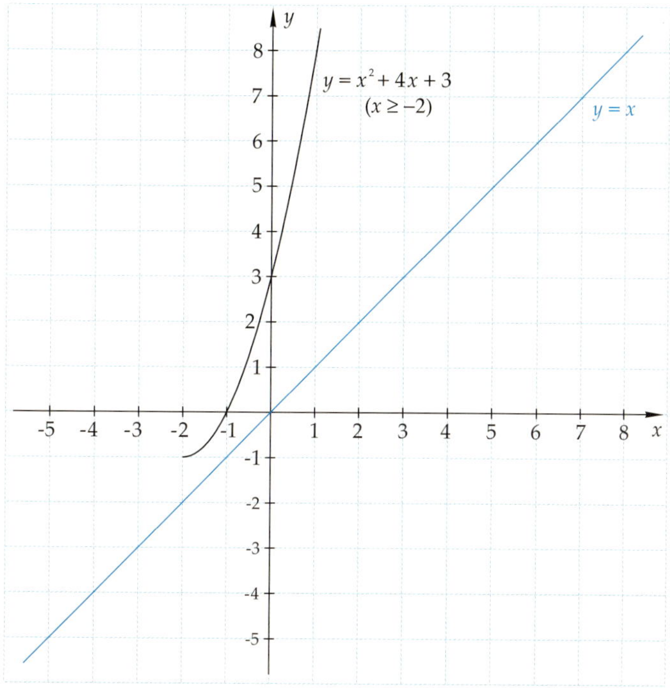

18
Figur

hier Pappe unterlegen, mit Messer anritzen und heraustrennen (aus technischen Gründen nicht perforiert)

C3

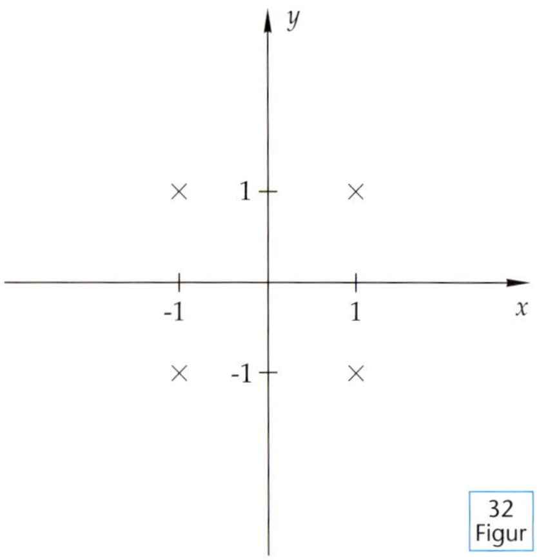

32 Figur

Beispiel 3

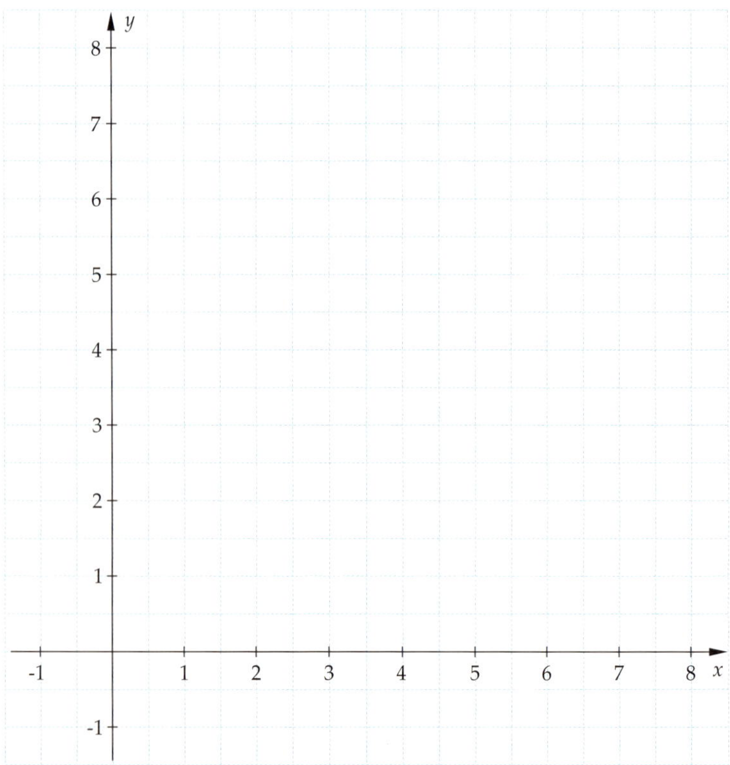

33 Figur

Die Graphen der linearen Funktionen sind Geraden.
Die Graphen der quadratischen Funktionen sind Parabeln.

S. 8

x	−2	−1	0	1	2	3	4
$y = 2x - 3$	−7	−5	−3	−1	1	3	5

Der Graph ist eine Gerade.

4 Figur

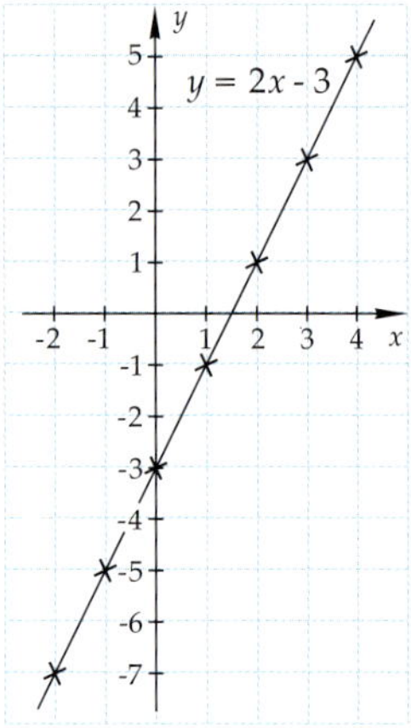

S. 9

x	−3	−2	−1	0	1	2	3
$y = x^2$	9	4	1	0	1	4	9

5 Figur

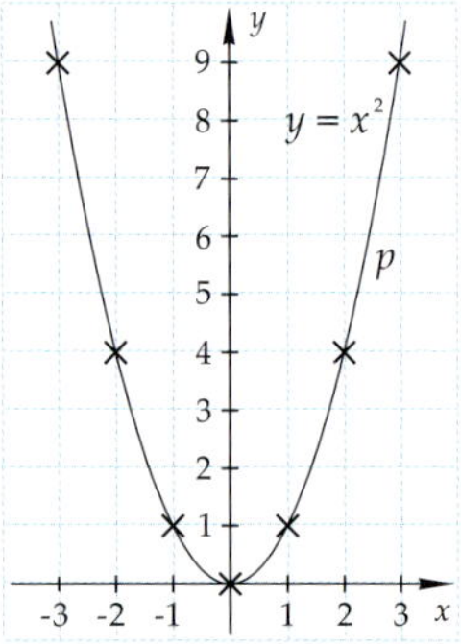

$A\,(4\,|\,1) \rightarrow A^*\,(1\,|\,4)$
$B\,(-2\,|\,3) \rightarrow B^*\,(3\,|\,-2)$
$C\,(3\,|\,3) \rightarrow C^*\,(3\,|\,3)$
$D\,(1\,|\,-2) \rightarrow D^*\,(-2\,|\,1)$
$E\,(-4\,|\,-2) \rightarrow E^*\,(-2\,|\,-4)$

6 Figur

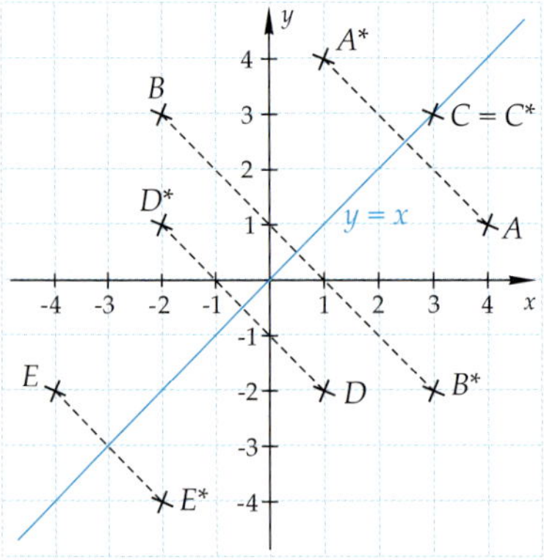

Je zwei Punkte mit vertauschten Koordinaten liegen (achsen-)symmetrisch zur Geraden $y = x$.

S.10/11

x^*	y^*
−7	−2
−5	−1
−3	0
−1	1
1	2
3	3
5	4

7
Figur

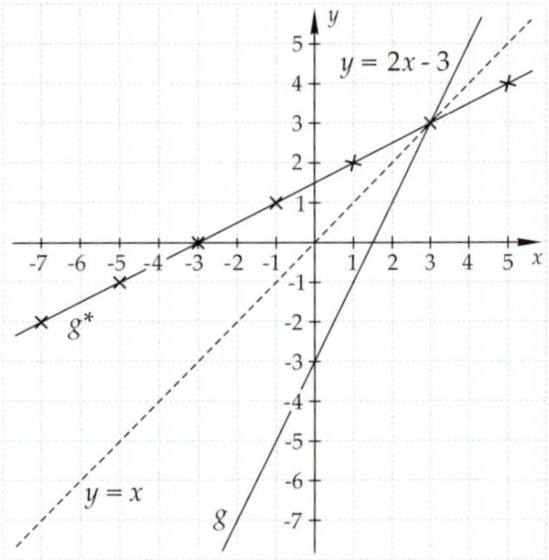

x	$y = \frac{x}{2} + \frac{3}{2}$
−7	−2
−5	−1
−3	0
−1	1
1	2
3	3
5	4

Die beiden Geraden g und g^* liegen symmetrisch zur Winkelhalbierenden des I. und III. Quadranten.

S.11 $\frac{x}{2} + 1{,}5 = y$

g^*: $y = \frac{x}{2} + 1{,}5$

A1
S.12

a), d)

	P	Q
x	0	3
$y = -\frac{1}{3}x + 2$	2	1

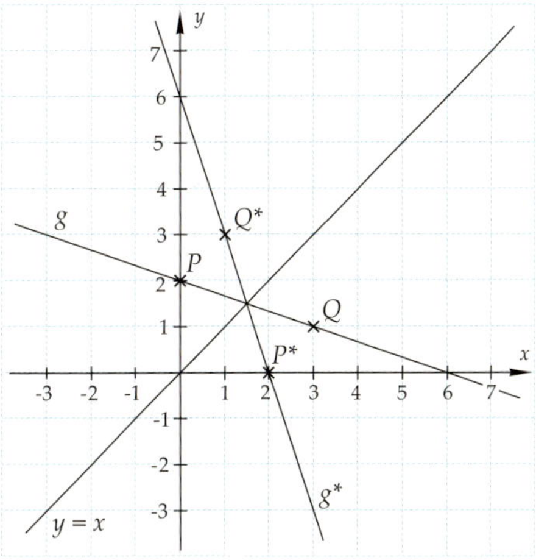

8
Figur

b) g:

$$\begin{aligned} y &= -\frac{1}{3}x + 2 \\ x &= -\frac{1}{3}y + 2 \\ x - 2 &= -\frac{1}{3}y \\ -3x + 6 &= y \end{aligned}$$

g^*: $y = -3x + 6$

c) $P^*(2|0)$ und $Q^*(1|3)$

e) $P^*(2|0)$: $0 = -3 \cdot 2 + 6$ richtig
$Q^*(1|3)$: $3 = -3 \cdot (1) + 6$ richtig

A2
S.12

g:

$$\begin{aligned} y &= ax + b \\ x &= ay + b && |-b \\ x - b &= ay && |:a \\ \frac{1}{a}x - \frac{b}{a} &= y \end{aligned}$$

g^*: $y = \frac{1}{a}x - \frac{b}{a}$

S.13

x^*	y^*
9	−3
4	−2
1	−1
0	0
1	1
4	2
9	3

9
Figur

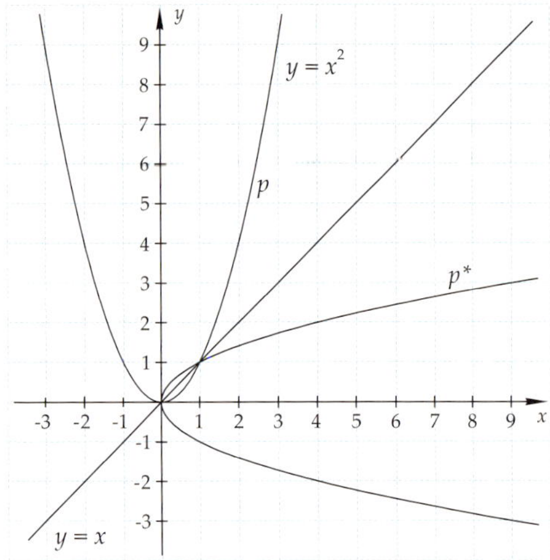

Die beiden Graphen p und p^* liegen symmetrisch zur Winkelhalbierenden des I. und III. Quadranten.

A

A3
S.14
S.15

Figur 10 ist umkehrbar eindeutig.
Figur 11 ist nicht umkehrbar eindeutig (vgl. Figur 11 unten).
Figur 12 ist nicht umkehrbar eindeutig (vgl. Figur 12 unten).
Figur 13 ist umkehrbar eindeutig.

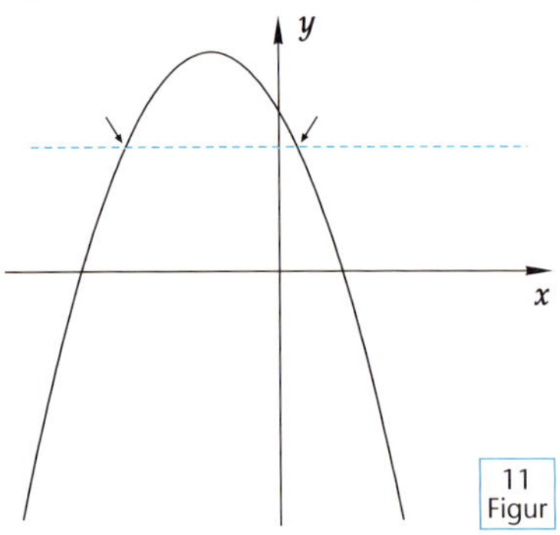

11
Figur

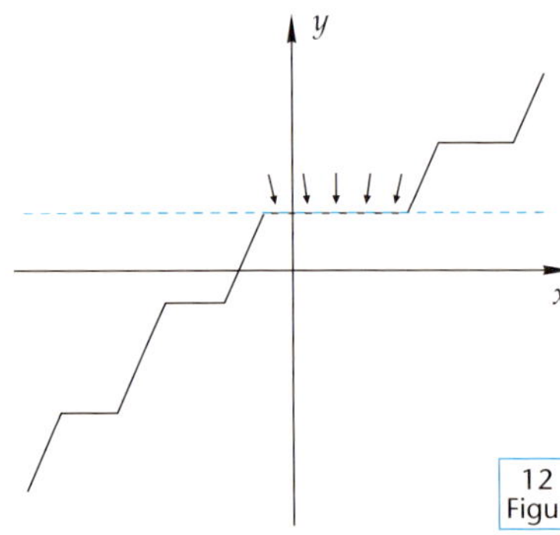

12
Figur

Für den Graphen der Funktion $y = x^2$ ergibt sich im eingeschränkten Definitionsbereich $\mathbb{R}_0^+$ der Graph der Umkehrfunktion $y = \sqrt{x}$ wieder durch Spiegelung an der Winkelhalbierenden des I. (und III.) Quadranten.

S.16/17

x^*	y^*
9	−3
4	−2
1	−1
0	0
/	/
/	/
/	/

15
Figur

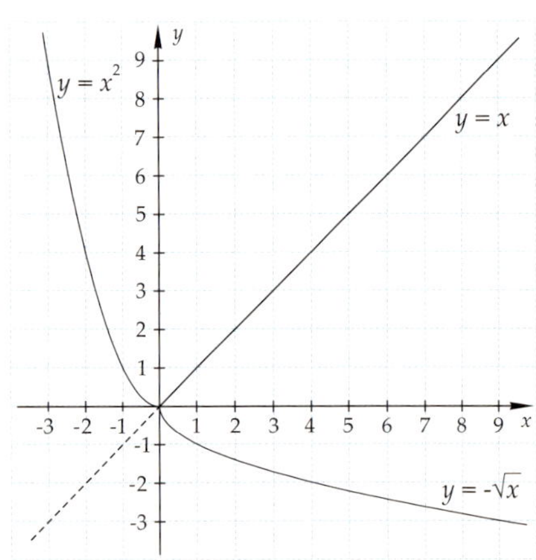

C

S. 35

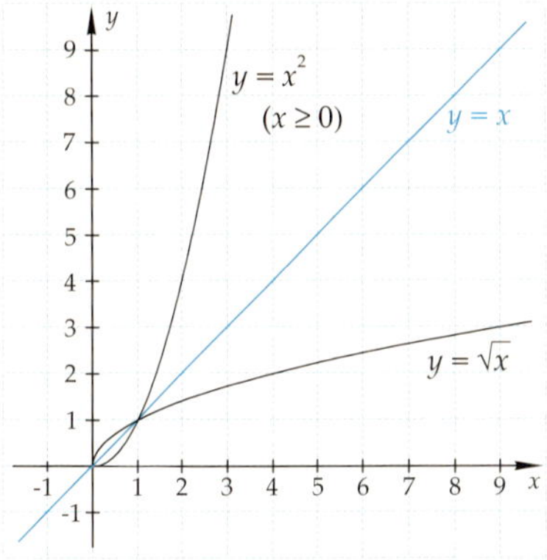

24 Figur

S. 36

- Die beiden Graphen verlaufen bezüglich der eingezeichneten Geraden symmetrisch zueinander.
- Im Bereich $x \geqq 0$ ist die Funktion $y = \sqrt{x}$ Umkehrfunktion zu $y = x^2$.
- Im Bereich $x \geqq 0$ ist die Funktion $y = x^2$ Umkehrfunktion zu $y = \sqrt{x}$.
- Die beiden Exponenten der Funktionsgleichungen $y = x^2$ und $y = x^{\frac{1}{2}}$ sind Kehrwerte zueinander.

- Bei Bruchtermen darf der Nenner nicht null sein!
- Bei Wurzeltermen darf der Radikand nicht negativ sein!

S. 36/37

x	-3	-2	-1	$-\frac{1}{2}$	0	$\frac{1}{2}$	1	2	3
$y = x^2$	9	4	1	$\frac{1}{4}$	0	$\frac{1}{4}$	1	4	9

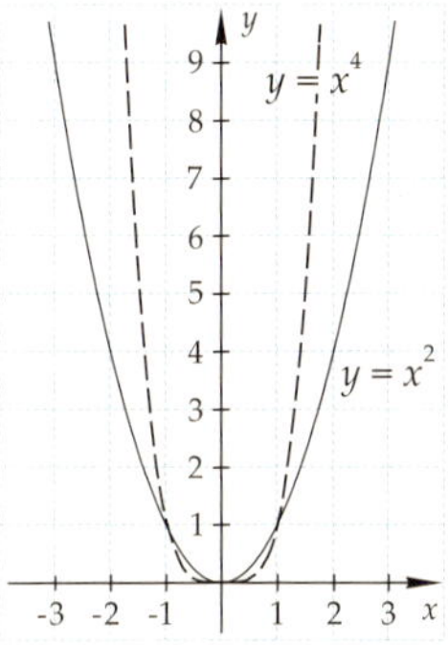

25 Figur

Beispiel 2 nächste Seite
S. 37

Beispiel 3

x	$-1{,}7$	$-1{,}5$	$-1{,}2$	-1	$-0{,}75$	0	$0{,}75$	1	$1{,}2$	$1{,}5$	$1{,}7$
$y = x^4$	8,35	5,06	2,07	1	0,32	0	0,32	1	2,07	5,06	8,35

x	$y = x^3$
– 2	– 8
– 1,5	– 3,38
– 1	– 1
– 0,75	– 0,42
– 0,5	– 0,13
0	0
0,5	0,13
0,75	0,42
1	1
1,5	3,38
2	8

26 Figur

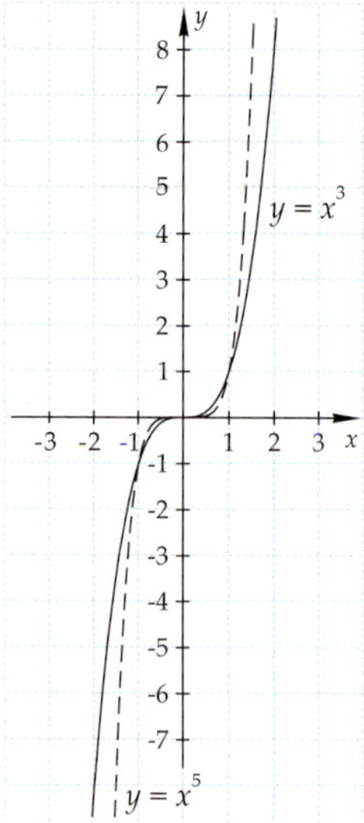

x	$y = x^5$
– 1,5	– 7,59
– 1,2	– 2,49
– 1	– 1
– 0,75	– 0,24
0	0
0,75	0,24
1	1
1,2	2,49
1,5	7,59

Beispiel 2/ Beispiel 4
S. 37

C

S. 38

- Die Graphen verlaufen in den Bereichen $x < -1$ und $x > 1$ immer steiler, je größer die Hochzahl ist.
- Die Graphen verlaufen im Bereich $-1 < x < 1$ immer flacher, je größer die Hochzahl ist.
- Die Parabeln gerader Ordnung sind achsensymmetrisch, mit der y-Achse als Symmetrieachse.
- Die Parabeln ungerader Ordnung sind punktsymmetrisch, mit dem Achsenschnittpunkt als Symmetriezentrum.
- Alle Parabeln gehen durch die Punkte $(0 \mid 0)$ und $(1 \mid 1)$.
- Die Parabeln gerader Ordnung gehen durch den Punkt $(-1 \mid 1)$.
- Die Parabeln ungerader Ordnung gehen durch den Punkt $(-1 \mid -1)$.

S. 39

a) $x^3 = 2{,}2 \quad \Rightarrow \quad x \approx 1{,}3$

b) Die Gleichung $x^4 = -0{,}5$ hat keine Lösung, denn die entsprechende Funktionsgleichung $y = x^4$ hat keine negativen Funktionswerte.

C 1
S. 39

a) $x^2 = 1{,}5$
Mithilfe des Graphen der Funktion $y = x^2$ ergibt sich: $x \approx 1{,}2$

b) $x^5 = -4$
Mithilfe des Graphen der Funktion $y = x^5$ ergibt sich: $x \approx -1{,}3$

C 2
S. 39

a), b)

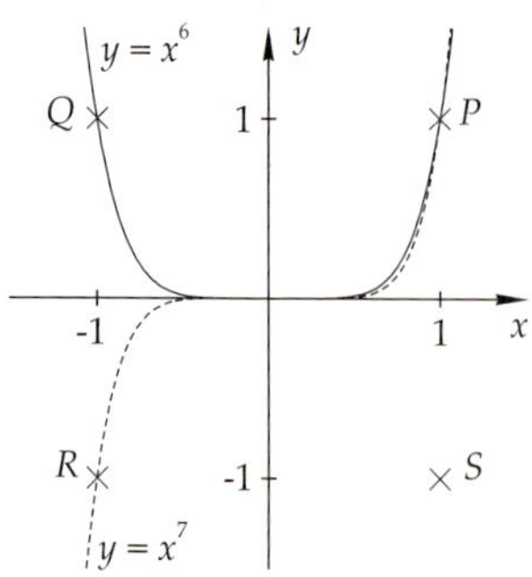

29 Figur

D

S. 48/49

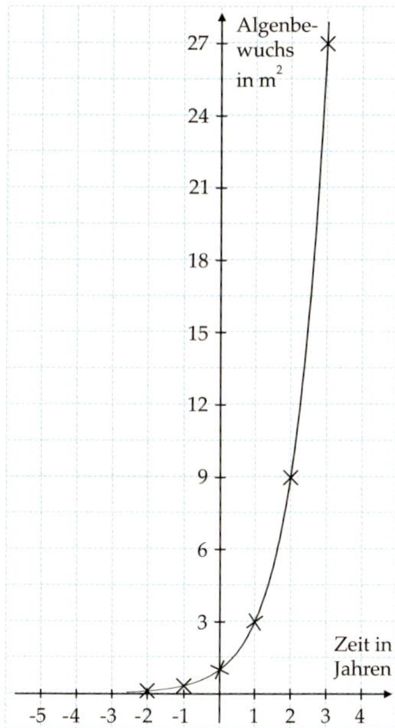

35 Figur

Jahre	Fläche in m²
0	1
1	3
2	9
3	27
4	81
5	243
0	1
–1	$\frac{1}{3}$
–2	$\frac{1}{9}$
–3	$\frac{1}{27}$
–4	$\frac{1}{81}$

S. 49/50

Jahre	0	1600	3200	4800	6400	0	–1600	–3200	–4800	–6400
vorhandene Stoffmenge in g	1000	500	250	125	62,5	1000	2000	4000	8000	16000

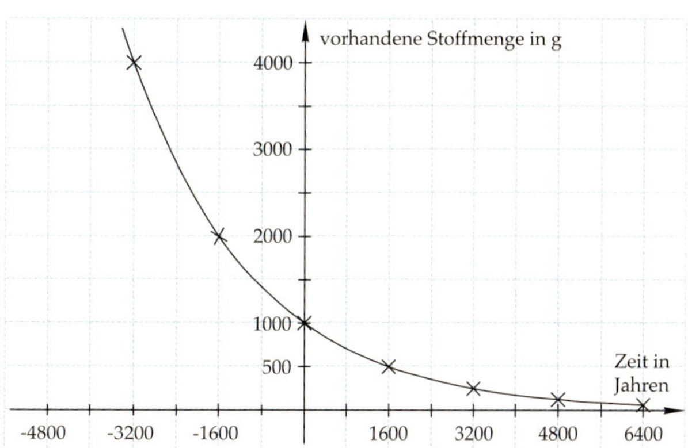

36 Figur

- Bei Potenzfunktionen steht die Variable x als Basis.
- Bei Exponentialfunktionen steht die Variable x als Exponent.

S. 51

x	$y = \left(\frac{1}{3}\right)^x$
−4	81
−3	27
−2	9
−1	3
0	1
1	$\frac{1}{3}$
2	$\frac{1}{9}$
3	$\frac{1}{27}$
4	$\frac{1}{81}$

37 Figur

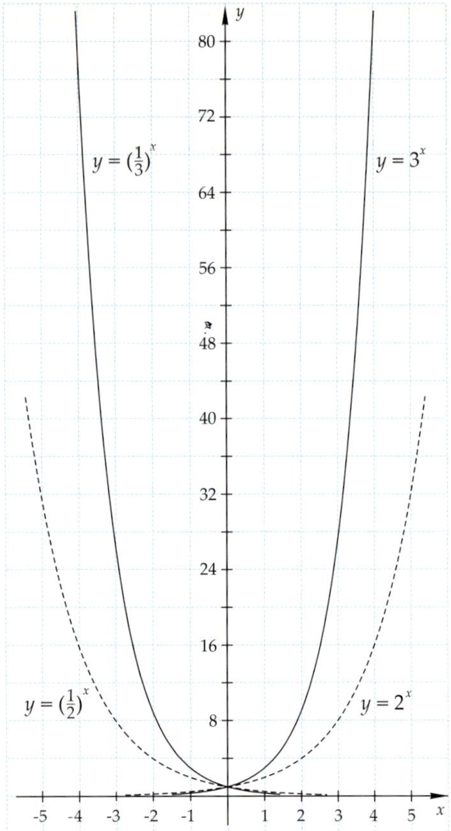

D

D 1
S. 51

x	−5	−4	−3	−2	−1	0	1	2	3	4	5
$y = \left(\frac{1}{2}\right)^x$	32	16	8	4	2	1	$\frac{1}{2}$	$\frac{1}{4}$	$\frac{1}{8}$	$\frac{1}{16}$	$\frac{1}{32}$

D 2
S. 52

x	−5	−4	−3	−2	−1	0	1	2	3	4	5
$y = 2^x$	$\frac{1}{32}$	$\frac{1}{16}$	$\frac{1}{8}$	$\frac{1}{4}$	$\frac{1}{2}$	1	2	4	8	16	32

D 3
S. 52

x	−4	−3	−2	−1	0	1	2	3	4
$y = 3^x$	$\frac{1}{81}$	$\frac{1}{27}$	$\frac{1}{9}$	$\frac{1}{3}$	1	3	9	27	81

- Alle Funktionswerte der Exponentialfunktionen sind positiv.
- Alle Exponentialfunktionen haben den Wertebereich $\mathbb{W} = \mathbb{R}^+$.
- Alle Graphen der Exponentialfunktionen verlaufen oberhalb der x-Achse.
- Für $x = 0$ haben alle Exponentialfunktionen den Funktionswert $y = 1$.

- Alle Graphen der Exponentialfunktionen gehen durch den Punkt (0 | 1).
- Alle Graphen der Exponentialfunktionen haben die x-Achse als Asymptote.
- Für $a > 1$ werden die Funktionswerte bei steigenden x-Werten immer größer.
- Für $0 < a < 1$ werden die Funktionswerte bei steigenden x-Werten immer kleiner.
- Die Graphen von zwei Exponentialfunktionen $y = a^x$ und $y = b^x$ mit $a = \frac{1}{b}$ (Kehrwert) verlaufen achsensymmetrisch zueinander, mit der y-Achse als Symmetrieachse.

Beispiele S. 53

a) $y = 2^x$; $2^{4,7} \approx 26,0$

b) Suche in Figur 37 auf der y-Achse den Wert 20.

$y = \left(\frac{1}{3}\right)^x$; $x \approx -2,7$

D

D 4 S. 53

a) $\left(\frac{1}{2}\right)^{-2,5} \approx 5,6$ b) $15 = 2^x \Rightarrow x \approx 3,9$

S. 54

x	−5	−4	−3	−2	−1	0	1	2	3	4	5
$y = 1^x$	1	1	1	1	1	1	1	1	1	1	1

Die zu dieser Tabelle gehörenden Punkte liegen alle auf einer Parallelen zur x-Achse.

x	0	1	1,76	2	3	4	5	6	...	9
$y = x^5$	0	1	16,89	32	243	1024	3125	7776	...	59049
$y = 5^x$	1	5	16,99	25	125	625	3125	15625	...	1953125

Wenn du die Tabelle betrachtest, erkennst du, dass anfänglich die Funktionswerte der Exponentialfunktion größer sind, bis sie beim x-Wert 1,76 nahezu gleich sind. Bis zum x-Wert 5 sind dann die Funktionswerte der Potenzfunktion größer und für $x = 5$ ergeben sich sowieso dieselben Werte. Anschließend aber, wenn die x-Werte größer als 5 sind, überwiegen immer deutlicher die Funktionswerte der Exponentialfunktion.

S. 55

- Wir erhalten den Graphen der Umkehrfunktion wieder durch Spiegelung des Graphen der Funktion $y = 2^x$ an der Winkelhalbierenden des I. und III. Quadranten.
- Die Gleichung dieser Umkehrfunktion erhalten wir durch Vertauschen der beiden Variablen x und y und anschließendes Auflösen nach y.

S. 56

x^*	$\frac{1}{32}$	$\frac{1}{16}$	$\frac{1}{8}$	$\frac{1}{4}$	$\frac{1}{2}$	1	2	4	8	16	32
y^* bzw. $x = 2^y$	−5	−4	−3	−2	−1	0	1	2	3	4	5

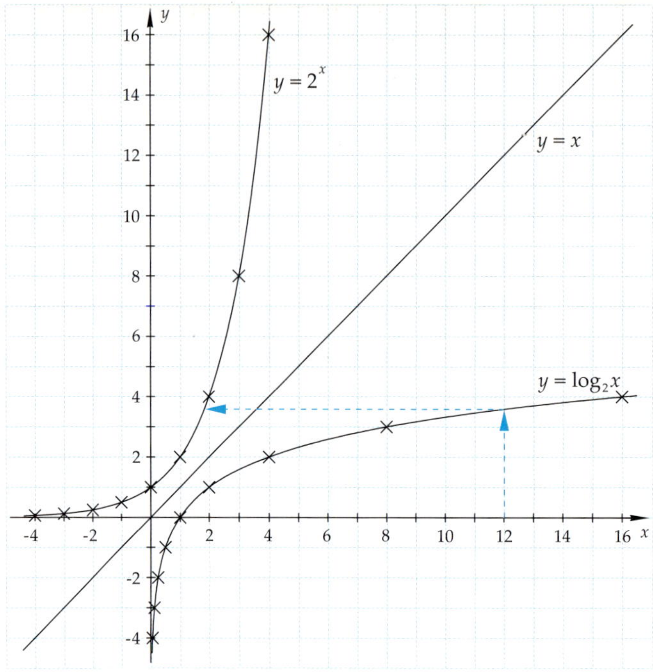

38 Figur

$12 = 2^y \quad \Rightarrow \quad y \approx 3{,}6$

b) Das zur Exponentialfunktion $y = 2^x$ gehörende Zahlenpaar $x = -3$ und $y = \frac{1}{8}$ bedeutet in der Exponentialschreibweise $\frac{1}{8} = 2^{-3}$ bzw. in der Logarithmusschreibweise: $\log_2 \frac{1}{8} = -3$ **S. 58**

Für die beiden Schreibweisen gilt: $\frac{1}{8} = 2^{-3} \quad \Leftrightarrow \quad \log_2 \frac{1}{8} = -3$

D 5
S. 58

a) $8 = 2^3 \quad \Leftrightarrow \quad \log_2 8 = 3$

b) $32 = 2^5 \quad \Leftrightarrow \quad \log_2 32 = 5$

c) $4 = 2^2 \quad \Leftrightarrow \quad \log_2 4 = 2$

d) $2 = 2^1 \quad \Leftrightarrow \quad \log_2 2 = 1$

e) $\frac{1}{2} = 2^{-1} \quad \Leftrightarrow \quad \log_2 \frac{1}{2} = -1$

f) $\frac{1}{16} = 2^{-4} \quad \Leftrightarrow \quad \log_2 \frac{1}{16} = -4$

D 6
S. 58

a) $\log_2 64 = 6 \quad \Leftrightarrow \quad 64 = 2^6$

b) $\log_2 16 = 4 \quad \Leftrightarrow \quad 16 = 2^4$

c) $\log_2 1 = 0 \quad \Leftrightarrow \quad 1 = 2^0$

d) $\log_2 \frac{1}{4} = -2 \quad \Leftrightarrow \quad \frac{1}{4} = 2^{-2}$

e) $\log_2 \frac{1}{32} = -5 \quad \Leftrightarrow \quad \frac{1}{32} = 2^{-5}$

D 7
S. 59

a) $\log_3 9 = 2 \quad \Leftrightarrow \quad 9 = 3^2$

b) $\log_3 81 = 4 \quad \Leftrightarrow \quad 81 = 3^4$

c) $\log_3 3 = 1 \quad \Leftrightarrow \quad 3 = 3^1$

d) $\log_3 1 = 0 \quad \Leftrightarrow \quad 1 = 3^0$

e) $\log_3 \frac{1}{27} = -3 \quad \Leftrightarrow \quad \frac{1}{27} = 3^{-3}$

f) $\log_3 \frac{1}{3} = -1 \quad \Leftrightarrow \quad \frac{1}{3} = 3^{-1}$

S. 59

$\log_3 x = \log_3 3^y$

Auflösen $\log_3 x = y$ bzw.

Umkehrfunktion $y = \log_3 x$

39 Figur

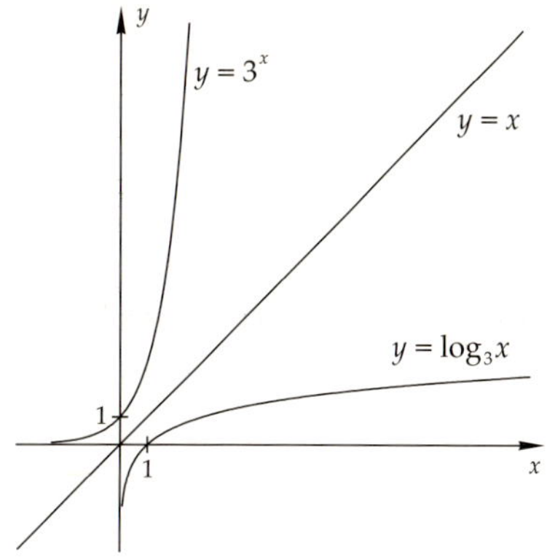

- … gilt für die Logarithmusfunktionen $\mathbb{D} = \mathbb{R}^+$ und $\mathbb{W} = \mathbb{R}$.
- … verlaufen die Graphen der Logarithmusfunktionen rechts von der y-Achse.
- … haben die Logarithmusfunktionen für $x = 1$ den Funktionswert $y = 0$.

S. 60

- Damit gehen alle Graphen der Logarithmusfunktionen durch den Punkt $(1 \mid 0)$.
- … haben die Graphen der Logarithmusfunktionen die y-Achse als Asymptote

Funktion $y = \left(\frac{1}{2}\right)^x$

Vertauschen $x = \left(\frac{1}{2}\right)^y$ $\mid \log_{\frac{1}{2}}$

$\log_{\frac{1}{2}} x = \log_{\frac{1}{2}} \left(\frac{1}{2}\right)^y$

Auflösen $\log_{\frac{1}{2}} x = y$ bzw.

Umkehrfunktion $y = \log_{\frac{1}{2}} x$

40 Figur

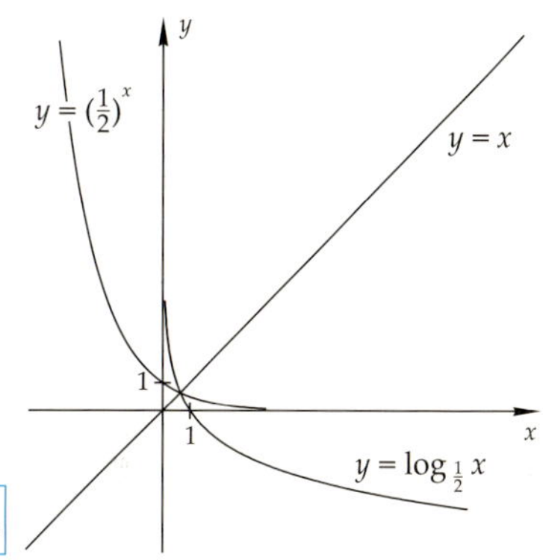

Lösungen Teil E

S. 62 a) $\log_2 8 = 3$

$8 = 2^3 = 2^x \quad \Rightarrow \quad x = 3$

b) $\log_3 81 = ?$ $\qquad \log_3 81 = \log_3 3^4 = 4$

c) $\log_{\frac{1}{2}} 32 = ?$ $\qquad \log_{\frac{1}{2}} 32 = \log_{\frac{1}{2}} \left(\frac{1}{2}\right)^{-5} = -5$

d) $\log_{\frac{1}{3}} \frac{1}{27} = ?$ $\qquad \log_{\frac{1}{3}} \frac{1}{27} = \log_{\frac{1}{3}} \left(\frac{1}{3}\right)^3 = 3$

e) $\log_5 5 = ?$ $\qquad \log_5 5 = \log_5 5^1 = 1$

f) $\log_5 \sqrt{125} = ?$ $\qquad \log_5 \sqrt{125} = \log_5 \sqrt{5^3} = \log_5 5^{\frac{3}{2}} = \frac{3}{2}$

g) $\log_a \frac{1}{\sqrt{a}} = ?$ $\qquad \log_a \frac{1}{\sqrt{a}} = \log_a \frac{1}{a^{\frac{1}{2}}} = \log_a a^{-\frac{1}{2}} = -\frac{1}{2}$

a) $x = 2^5 = 32$

b) $x = 5^0 = 1$

c) $\log_3 x = -4 \quad | 3^{\cdots}$

$3^{\log_3 x} = 3^{-4}$

$x = 3^{-4} = \frac{1}{81}$

Beispiele 2
S. 63

a) $\log_3 27 = 3$, denn $3^3 = 27$

b) $\log_5 625 = 4$, denn $5^4 = 625$

c) $\log_4 \frac{1}{16} = -2$, denn $4^{-2} = \frac{1}{16}$

d) $\log_{\frac{1}{4}} \frac{1}{16} = 2$, denn $\left(\frac{1}{4}\right)^2 = \frac{1}{16}$

e) $\log_a a = 1$, denn $a^1 = a$

f) $\log_a 1 = 0$, denn $a^0 = 1$

E 1
S. 63

E + F

a) $x = 6^{-2} = \frac{1}{6^2} = \frac{1}{36}$

b) $x = 27^{\frac{1}{3}} = \sqrt[3]{27} = 3$

c) $x = a^1 = a$

d) $x = 16^{-\frac{1}{4}} = \frac{1}{\sqrt[4]{16}} = \frac{1}{2}$

e) $x = \left(\frac{1}{3}\right)^4 = \frac{1}{81}$

f) $x = \left(\frac{1}{32}\right)^{\frac{1}{5}} = \frac{1}{\sqrt[5]{32}} = \frac{1}{2}$

E 2
S. 63

$\log_2 8 = 3 \quad \Leftrightarrow \quad 2^3 = 8$

$2^{\log_2 7} = 7$

S. 64

- nach der Regel: $\log_2 (32 \cdot 8) = \log_2 32 + \log_2 8 = 5 + 3 = 8$
- ohne Regel: $\log_2 (32 \cdot 8) = \log_2 256 = \log_2 2^8 = 8$

- nach der Regel: $\log_2 \frac{32}{8} = \log_2 32 - \log_2 8 = 5 - 3 = 2$
- ohne Regel: $\log_2 \frac{32}{8} = \log_2 4 = \log_2 2^2 = 2$

- nach der Regel: $\log_2 8^2 = 2 \cdot \log_2 8 = 2 \cdot 3 = 6$
- ohne Regel: $\log_2 8^2 = \log_2 64 = \log_2 2^6 = 6$

S. 65

- nach der Regel: $\log_2 \sqrt[3]{64} = \frac{1}{3} \cdot \log_2 64 = \frac{1}{3} \cdot 6 = 2$
- ohne Regel: $\log_2 \sqrt[3]{64} = \log_2 4 = 2$

$\lg 50 \approx 1{,}6989$

S. 66

Lösungen Teil F

ID: Für jeden vorkommenden Logarithmusterm gilt, dass der Numerus bzw. das Argument positiv sein muss.

S. 67

$x + 3 > 0 \quad \Rightarrow \quad x > -3 \qquad \text{II}$

$2x + 6 > 0 \quad \Rightarrow \quad 2x > -6$

$\quad\quad\quad\quad\;\; \Rightarrow \quad x > -3 \quad\quad$ **III**

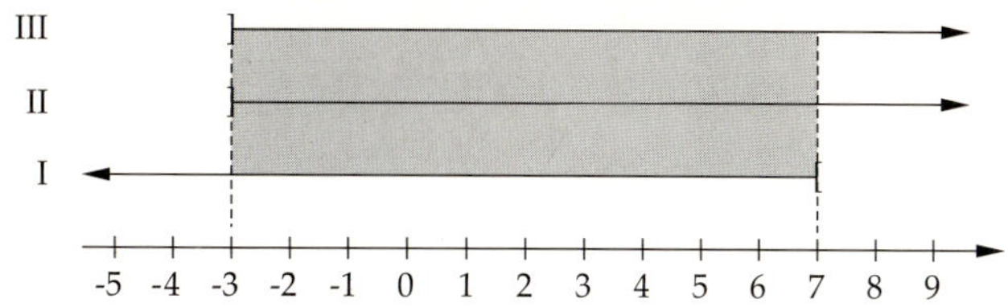

41 Figur

$\mathbb{D} = \{x \mid -3 < x < 7\}$

S. 68 $\mathbb{L}$: $(7 - x) \cdot (x + 3) = 2x + 6$

$7x + 21 - x^2 - 3x = 2x + 6$

$-x^2 + 2x + 15 = 0 \quad\quad \Rightarrow \quad x_1 = -3$ und $x_2 = 5$

F

Beispiel 2
S. 68/69

$\mathbb{D}$: $x - 1 > 0 \quad \Rightarrow \quad x > 1$ **II**
$\quad 2x > 0 \quad \Rightarrow \quad x > 0$ **III** $\Big\} \Rightarrow \mathbb{D} = \{x \mid x > 1\}$

$\mathbb{L}$: $x \cdot 8 = 2x^2 - 2x \quad \Rightarrow \quad x_1 = 0$ und $x_2 = 5$

$x_1 \notin \mathbb{D}$

Probe für $x_2 = 5$: $\lg 5 + \lg 8 - \lg(5 - 1) \stackrel{?}{=} \lg(2 \cdot 5)$

$\lg \dfrac{5 \cdot 8}{4} = \lg 10$ wahr

Damit ergibt sich: $\mathbb{L} = \{5\}$

F 1
S. 70

$\mathbb{D}$: $x - 1 > 0 \quad \Rightarrow \quad x > 1$ **I**

$5 - x > 0 \quad \Rightarrow \quad 5 > x$ bzw. $x < 5$ **II**

$x + 5 > 0 \quad \Rightarrow \quad x > -5$ **III**

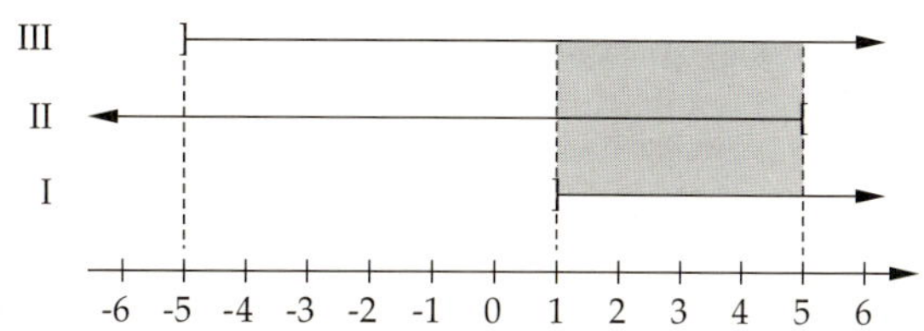

42 Figur

$\mathbb{D} = \{x \mid 1 < x < 5\}$

$\mathbb{L}$: $\lg(x - 1)^2 - \lg(5 - x) = \lg(x + 5)$

$\lg \dfrac{(x - 1)^2}{5 - x} = \lg(x + 5)$

$\dfrac{(x - 1)^2}{5 - x} = x + 5$

$(x - 1)^2 = (x + 5) \cdot (5 - x)$

$x^2 - 2x + 1 = 5x - x^2 + 25 - 5x$

$2x^2 - 2x - 24 = 0$

$x^2 - x - 12 = 0 \quad\quad \Rightarrow \quad x_1 = 4$ und $x_2 = -3$

$x_2 \notin \mathbb{D}$

Probe für $x_1 = 4$: $2 \cdot \lg(4 - 1) - \lg(5 - 4) \stackrel{?}{=} \lg(4 + 5)$

$\lg 9 - \lg 1 = \lg 9$ wahr! $(\lg 1 = 0)$

$\mathbb{L} = \{4\}$

F 2
S. 70

a) $\mathbb{D}$: $\left.\begin{array}{lll} 2x+5>0 & \Rightarrow & x>-2{,}5 \\ x-1>0 & \Rightarrow & x>1 \end{array}\right\} \Rightarrow \mathbb{D}=\{x\,|\,x>1\}$

$\mathbb{L}$:
$$\begin{aligned} \lg(2x+5) &= \lg[(x-1)\cdot 9] \\ 2x+5 &= 9x-9 \\ 7x &= 14 \\ x &= 2 \end{aligned}$$

Probe: $\lg(2\cdot 2+5) \overset{?}{=} \lg(2-1)+2\cdot\lg 3$
$\lg 9 = \lg 1 + \lg 9$ wahr! $(\lg 1 = 0)$

$\mathbb{L}=\{2\}$

b) $\mathbb{D}$: $\left.\begin{array}{lll} x-5>0 & \Rightarrow & x>5 \\ \dfrac{18}{x+3}>0 & \Rightarrow & x>-3 \end{array}\right\} \Rightarrow \mathbb{D}=\{x\,|\,x>5\}$

$\mathbb{L}$:
$$\begin{aligned} \lg[(x-5)\cdot 2] &= \lg\frac{18}{x+3} \\ 2x-10 &= \frac{18}{x+3} \\ 2x^2+6x-10x-30 &= 18 \\ 2x^2-4x-48 &= 0 \\ x^2-2x-24 &= 0 \qquad \Rightarrow \quad x_1=6 \text{ und } x_2=-4 \end{aligned}$$

$x_2 \notin \mathbb{D}$

Probe für $x_1=6$: $\lg(6-5)+\lg 2 = \lg\frac{18}{9}$ wahr!

$\mathbb{L}=\{6\}$

c) $\mathbb{D}$: $\left.\begin{array}{lll} x+21>0 & \Rightarrow & x>-21 \\ & & x>0 \end{array}\right\} \Rightarrow \mathbb{D}=\{x\,|\,x>0\}$

$\mathbb{L}$: 1. Lösungsweg
$$\begin{aligned} \lg\left(\sqrt{x+21}\cdot\sqrt{x}\right) &= 1 \\ \lg\left(\sqrt{x+21}\cdot\sqrt{x}\right) &= \lg 10 \\ \sqrt{(x+21)\cdot x} &= 10 \\ x^2+21x &= 100 \qquad \Rightarrow \quad x_1=4 \text{ und } x_2=-25 \end{aligned}$$

$x_2 \notin \mathbb{D}$

Probe für $x_1=4$: $\lg\sqrt{4+21}+\lg\sqrt{4} \overset{?}{=} 1$
$\lg 5 + \lg 2 = 1$
$\lg 10 = 1$ wahr!

$\mathbb{L}=\{4\}$

2. Lösungsweg
$$\begin{aligned} \frac{1}{2}\lg(x+21)+\frac{1}{2}\lg x &= 1 \qquad |\cdot 2 \\ \lg[(x+21)\cdot x] &= 2 \\ x^2+21x &= 100 \end{aligned}$$
Weiter wie oben.

S. 71

d) $\mathbb{D}=\{x\,|\,x>0\}$

$\mathbb{L}$:
$$\begin{aligned} \frac{1}{2}\lg x-\frac{1}{3}\lg x &= -\frac{1}{2} \\ \frac{1}{6}\lg x &= -\frac{1}{2} \\ \lg x &= -3 \qquad \Rightarrow \quad x=\frac{1}{1000} \end{aligned}$$

F

F 2
S. 71
Fortsetzung

Probe: $\frac{1}{2}\lg\frac{1}{1000} - \frac{1}{3}\cdot\lg\frac{1}{1000} \stackrel{?}{=} -\frac{1}{2}$

$\frac{1}{2}\cdot(-3) - \frac{1}{3}\cdot(-3) = -\frac{1}{2}$ wahr!

$\mathbb{L} = \left\{\frac{1}{1000}\right\}$

Beispiel 1 Zähler rechts $2\cdot\lg x \Rightarrow x > 0$ **III**

$\Rightarrow z_1 = -\frac{1}{2}$ und $z_2 = 1$

S. 72 $\lg x_2 = z_2 \Rightarrow \lg x_2 = 1$

F

Probe für $x_1 = 10^{-\frac{1}{2}}$: $\frac{1-\frac{1}{2}}{-\frac{1}{2}} - \frac{2\cdot\left(-\frac{1}{2}\right)}{1-\frac{1}{2}} \stackrel{?}{=} 1$

$-1-(-2) \stackrel{!}{=} 1$

Probe für $x_2 = 10$: $\frac{1+\lg 10}{\lg 10} - \frac{2\cdot\lg 10}{1+\lg 10} \stackrel{?}{=} 1$

$2 - 1 \stackrel{!}{=} 1$

$\mathbb{L} = \left\{10^{-\frac{1}{2}}; 10\right\}$

Beispiel 2
S. 72/73

$\Rightarrow z_1 = 2$ und $z_2 = -1$

$\frac{1+\lg x_2}{\lg x_2} = z_2 \Rightarrow \frac{1+\lg x_2}{\lg x_2} = -1$

$1 + \lg x_2 = -\lg x_2$

$2\lg x_2 = -1 \Rightarrow x_2 = 10^{-\frac{1}{2}}$

Beispiel 3 $\mathbb{D}$: $x - 1 > 0 \Rightarrow x > 1 \Rightarrow \mathbb{D} = \{x \mid x > 1\}$

S. 74 $x_1 = 11;\ x_2 = \frac{11}{10}$

Proben: $x_1 = 11$: $10^{\lg 10} = 10$ wahr

$x_2 = \frac{11}{10}$: $\left(\frac{11}{10} - 1\right)^{\lg\left(\frac{11}{10}-1\right)} \stackrel{?}{=} 10$

$\left(\frac{1}{10}\right)^{\lg\frac{1}{10}} = 10$ wahr

$\mathbb{L} = \left\{11 \,\middle|\, \frac{11}{10}\right\}$

F 3
S. 74

a) $\mathbb{D} = \{x \mid x > 0\}$

$\mathbb{L}$:

$$\begin{aligned}(10x)^{\lg x} &= 100 \quad |\lg \ldots\\ \lg\left[(10x)^{\lg x}\right] &= \lg 100\\ \lg x\cdot\lg(10x) &= \lg 100\\ \lg x\,(\lg 10 + \lg x) &= 2\\ \lg x\,(1+\lg x) &= 2\\ \lg x + (\lg x)^2 &= 2\end{aligned}$$

Substitution: $\lg x = z$

$$z + z^2 = 2 \quad \Rightarrow \quad z_1 = 1 \quad \text{und} \quad z_2 = -2$$

Substitution rückgängig machen: $\lg x_1 = z_1 \quad \Rightarrow \quad \lg x_1 = 1$

$$x_1 = 10$$

$$\lg x_2 = z_2 \quad \Rightarrow \quad \lg x_2 = -2$$

$$x_2 = \frac{1}{100}$$

Probe: $x_1 = 10$: $\quad (10 \cdot 10)^{\lg 10} = 100 \quad$ wahr

$x_2 = \frac{1}{100}$: $\quad \left(10 \cdot \frac{1}{100}\right)^{\lg \frac{1}{100}} \overset{?}{=} 100$

$$\left(\frac{1}{10}\right)^{-2} = 100 \quad \text{wahr}$$

$\mathbb{L} = \left\{10 \,\middle|\, \frac{1}{100}\right\}$

F

b) $\mathbb{D} = \{x \mid x > 0\}$

Substitution: $\lg x = z$

$$z^2 - 5z - 6 = 0 \quad \Rightarrow \quad z_1 = 6 \text{ und } z_2 = -1$$

Substitution rückgängig machen: $\lg x_1 = z_1 \quad \Rightarrow \quad \lg x_1 = 6 \quad \Rightarrow \quad x_1 = 10^6$

$$\lg x_2 = z_2 \quad \Rightarrow \quad \lg x_2 = -1 \quad \Rightarrow \quad x_2 = \frac{1}{10}$$

Probe: $x_1 = 10^6$: $\quad (\lg 10^6)^2 - 5 \cdot \lg 10^6 - 6 = 0 \quad$ wahr, denn

$$(6 \cdot 1)^2 - 5 \cdot 6 - 6 = 0$$

$x_2 = \frac{1}{10}$: $\quad \left(\lg \frac{1}{10}\right)^2 - 5 \cdot \lg \frac{1}{10} - 6 = 0 \quad$ wahr, denn

$$(-1)^2 - 5 \cdot (-1) - 6 = 0$$

$\mathbb{L} = \left\{10^6 \,\middle|\, \frac{1}{10}\right\}$

c) $\mathbb{D} = \{x \mid x > -1\}$

Beim zweiten Term Hochzahl nach vorne: $[\lg(x+1)]^2 - 4 \cdot \lg(x+1) + 4 = 0$

Substitution: $\lg(x+1) = z$

$$z^2 - 4 \cdot z + 4 = 0 \quad \Rightarrow \quad z_1 = z_2 = 2$$

Substitution rückgängig machen:

$\lg(x+1) = z \quad \Rightarrow \quad \lg(x+1) = 2 \quad \Rightarrow \quad x + 1 = 100 \quad \Rightarrow \quad x = 99$

Probe: $[\lg(99+1)]^2 - \lg(99+1)^4 + 4 = 0 \quad$ wahr, denn

$2^2 - \lg 100^4 + 4 = 0 \quad$ und $\lg 100^4 = 8$

$\mathbb{L} = \{99\}$

d) $\mathbb{D} = \{x \mid x > 2\}$

$(x-2)^{\lg(x-2)} = 10000 \quad | \lg \ldots$

$\lg(x-2)^{\lg(x-2)} = \lg 10000 \quad \Rightarrow \quad \lg(x-2) \cdot \lg(x-2) = 4$

Substitution: $\lg(x-2) = z \quad \Rightarrow \quad z^2 = 4 \quad \Rightarrow \quad z_1 = 2$ und $z_2 = -2$

Substitution rückgängig machen:

$\lg(x_1 - 2) = 2 \quad \Rightarrow \quad (x_1 - 2) = 100 \quad \Rightarrow \quad x_1 = 102$

$\lg(x_2 - 2) = -2 \quad \Rightarrow \quad (x_2 - 2) = \frac{1}{100} \quad \Rightarrow \quad x_2 = \frac{201}{100}$

→

F 3
S. 74
Fortsetzung

Probe: $x_1 = 102$: $(102-2)^{\lg(102-2)} \stackrel{?}{=} 10\,000$ wahr, denn
$100^2 = 10\,000$

$x_2 = \frac{201}{100}$: $\left(\frac{201}{100} - 2\right)^{\lg\left(\frac{201}{100}-2\right)} \stackrel{?}{=} 10\,000$ wahr, denn
$\left(\frac{1}{100}\right)^{-2} = 10\,000$

$\mathbb{L} = \left\{102 \,\middle|\, \frac{201}{100}\right\}$

e) $\mathbb{D} = \{x \mid x > 0\}$

$$x^{2+\lg x} = 10^3 \qquad |\lg \ldots$$
$$\lg x^{2+\lg x} = \lg 10^3$$
$$(2 + \lg x) \cdot \lg x = 3$$
$$2 \cdot \lg x + (\lg x)^2 = 3$$

Substitution: $\lg x = z \quad \Rightarrow \quad 2 \cdot z + z^2 = 3 \quad \Rightarrow \quad z_1 = 1$ und $z_2 = -3$

Substitution rückgängig machen:
$\lg x_1 = 1 \quad \Rightarrow \quad x_1 = 10$
$\lg x_2 = -3 \quad \Rightarrow \quad x_2 = \frac{1}{1000}$
beide Proben gehen auf $\Rightarrow \quad \mathbb{L} = \left\{10 \,\middle|\, \frac{1}{1000}\right\}$

S. 75

$z_1 = 4$ und $z_2 = 1$
$x_1 = 2$ und $x_2 = 0$

Probe: x_1: $4^2 + 4 = 5 \cdot 2^2$ wahr
x_2: $4^0 + 4 = 5 \cdot 2^0$ wahr
$\mathbb{L} = \{0 \mid 2\}$

F

F 4
S. 75

$\mathbb{D} = \mathbb{R}$ (Vergleiche erstes Beispiel.)

Für den Term 9^x können wir schreiben: $9^x = (3^2)^x = 3^{2 \cdot x} = (3^x)^2$
Die Gleichung $3^x + 7 = 8 \cdot 9^x$
lautet damit $3^x + 7 = 8 \cdot (3^x)^2$

Mit der Substitution $3^x = z$ können wir die Gleichung umschreiben:

$$z + 7 = 8 \cdot z^2$$
$$8z^2 - z - 7 = 0 \quad \Rightarrow \quad z_1 = 1 \text{ und } z_2 = -\frac{7}{8}$$

Damit gilt für x:

$3^{x_1} = z_1 \quad \Rightarrow \quad 3^{x_1} = 1$ bzw. $3^{x_1} = 3^0 \quad \Rightarrow \quad x_1 = 0$

$3^{x_2} = z_2 \quad \Rightarrow \quad 3^{x_2} = -\frac{7}{8}$ Dies ist nicht möglich – vergleiche die Sätze im Kapitel D1.

Probe für $x_1 = 0$: $3^0 + 7 = 8 \cdot 9^0$
$1 + 7 = 8 \cdot 1$ wahr

$\mathbb{L} = \{0\}$

Beispiel 2
S. 75/76

$z_1 = 9$ und $z_2 = 3$

$3^{x_1} = z_1 \quad \Rightarrow \quad 3^{x_1} = 9$
$x_1 = 2$

$3^{x_2} = z_2 \quad \Rightarrow \quad 3^{x_2} = 3$

$x_2 = 1$

Probe: $x_1 = 2$: $3^5 - 4 \cdot 3^4 + 81 \stackrel{?}{=} 0$

$243 - 324 + 81 = 0$ wahr

$x_2 = 1$: $3^{2 \cdot 1 + 1} - 4 \cdot 3^{1+2} + 81 \stackrel{?}{=} 0$

$3^3 - 4 \cdot 3^3 + 81 = 0$ wahr

$\mathbb{L} = \{2 \mid 1\}$

F5
S. 76

a) $2^{2x+2} - 65 \cdot 2^x + 16 = 0$

$4 \cdot 2^{2x} - 65 \cdot 2^x + 16 = 0 \quad$ | Substitution: $2^x = z$

$4 \cdot z^2 - 65 \cdot z + 16 = 0 \quad \Rightarrow \quad z_1 = 16$ und $z_2 = \frac{1}{4}$

$2^{x_1} = z_1 \quad \Rightarrow \quad 2^{x_1} = 2^4 \quad \Rightarrow \quad x_1 = 4$

$2^{x_2} = z_2 \quad \Rightarrow \quad 2^{x_2} = 2^{-2} \quad \Rightarrow \quad x_2 = -2$

b) $2^{6x+2} - 14 \cdot 2^{3x+1} + 40 = 0$

$4 \cdot 2^{6x} - 28 \cdot 2^{3x} + 40 = 0 \quad$ | Substitution: $2^{3x} = z$

$4 \cdot z^2 - 28z + 40 = 0 \quad \Rightarrow \quad z_1 = 5$ und $z_2 = 2$

$2^{3x_1} = z_1 \quad \Rightarrow \quad 2^{3x_1} = 5 \quad$ | lg ...

$\lg 2^{3x_1} = \lg 5$

$3x_1 \cdot \lg 2 = \lg 5$

$3x_1 = \frac{\lg 5}{\lg 2}$

$x \approx 0{,}77$

$2^{3x_2} = z_2 \quad \Rightarrow \quad 2^{3x_2} = 2^1$

$x_2 = \frac{1}{3}$

Beispiel 3
S. 77

$x = \frac{\lg \frac{9}{4}}{\lg \frac{2}{3}} = -2$ einfacher: $x + 2 \stackrel{!}{=} 0$

$x = -2$

Probe: $x = -2$: $2^{-2+3} - 3^{-2+1} = 18 \cdot 3^{-2-1} + 2^{-2+2}$

$2 - \frac{1}{3} = \frac{18}{27} + 1$ wahr

$\mathbb{L} = \{-2\}$

Beispiel 4
S. 78

$\mathbb{D} = \mathbb{R}$

$8 = 2^3 \quad \Rightarrow \quad 2^{2(3x-2)} = 2^5 \cdot 2^{3(x+1)}$

$2^{6x-4} = 2^5 \cdot 2^{3x+3}$

$2^{6x-4} = 2^{3x+8}$

$6x - 4 = 3x + 8$

$\Rightarrow \quad x = 4$

Probe: $x = 4$: $\frac{4^{3 \cdot 4 - 2}}{32} \stackrel{?}{=} 8^{4+1}$

$\frac{4^{10}}{32} = 8^5$ wahr $\quad \Rightarrow \quad \mathbb{L} = \{4\}$

F

S. 84 Fortsetzung

a ≙ $P(sK) = 0{,}15$

b ≙ $P(\overline{sK}) = 0{,}85$

c ≙ $P(\text{laut}) = 0{,}08$

d ≙ $P(\overline{\text{laut}}) = 0{,}92$

4-Felder-Tafel

	laut	$\overline{\text{laut}}$	
sK	e	f	0,15 a
$\overline{sK}$	g	h	0,85 b
	0,08 c	0,92 d	1

$P(sK) + P(\overline{sK}) = 1;\quad P(\text{laut}) + P(\overline{\text{laut}}) = 1$

S. 85 Das Feld g steht für: nicht schlechte Kontakte und laut.
Das Feld h steht für: nicht schlechte Kontakte und nicht laut.

Diese Angabe (3 %), die für das Feld e gilt, …

G

	laut	$\overline{\text{laut}}$	
sK	0,03 e	0,12 f	0,15 a
$\overline{sK}$	0,05 g	0,80 h	0,85 b
	0,08 c	0,92 d	1

a) P(genau ein Fehler) = P(laut und nicht schlechte Kontakte) +
+ P(nicht laut und schlechte Kontakte) = 0,05 + 0,12 = 0,17

b) P(mindestens ein Fehler) = P(genau ein Fehler) + P(sK und laut) = 0,17 + 0,03 = 0,20

c) P(kein Fehler) = $P(\overline{\text{laut}}$ und $\overline{sK}) = 0{,}80$

S. 86

- P(mindestens ein Fehler) = 1 – P(kein Fehler) = 1 – 0,8 = 0,2 bzw.
- P(kein Fehler) = 1 – P(mindestens ein Fehler) = 1 – 0,2 = 0,8 bzw.
- P(mindestens ein Fehler) + P(kein Fehler) = 1

Baumdiagramm: nächste Seite

S. 87

- … kannst du im Nachbarast zu den 0,15 (bei II) den Wert 0,85 eintragen.
- … ist erfüllt für $x = 0{,}20$
- … lassen den Schluss zu, dass „5 % zwar zu laut arbeiten, aber gute Kontakte haben"!
- $P(\overline{sK} \cap \overline{\text{laut}}) = 0{,}85 \cdot \frac{80}{85} = 0{,}80$

VII + VIII + IX + X = 0,03 + 0,12 + 0,05 + 0,80 = 1

a) Für
P(genau ein Fehler) = P(laut und nicht schlechte Kontakte) +
+ P(nicht laut und schlechte Kontakte) =
= 0,05 + 0,12 = 0,17
musst du die 2. Pfadregel anwenden.

S. 88 b) P(mindestens ein Fehler) = P(genau ein Fehler) + P(zwei Fehler) = 0,17 + 0,03 = 0,2 bzw.
P(mindestens ein Fehler) = 1 – P(kein Fehler) = 1 – 0,8 = 0,2

c) P(kein Fehler) = $P(\overline{sK} \cap \overline{\text{laut}}) = 0{,}80$

Nachtrag zu S. 86

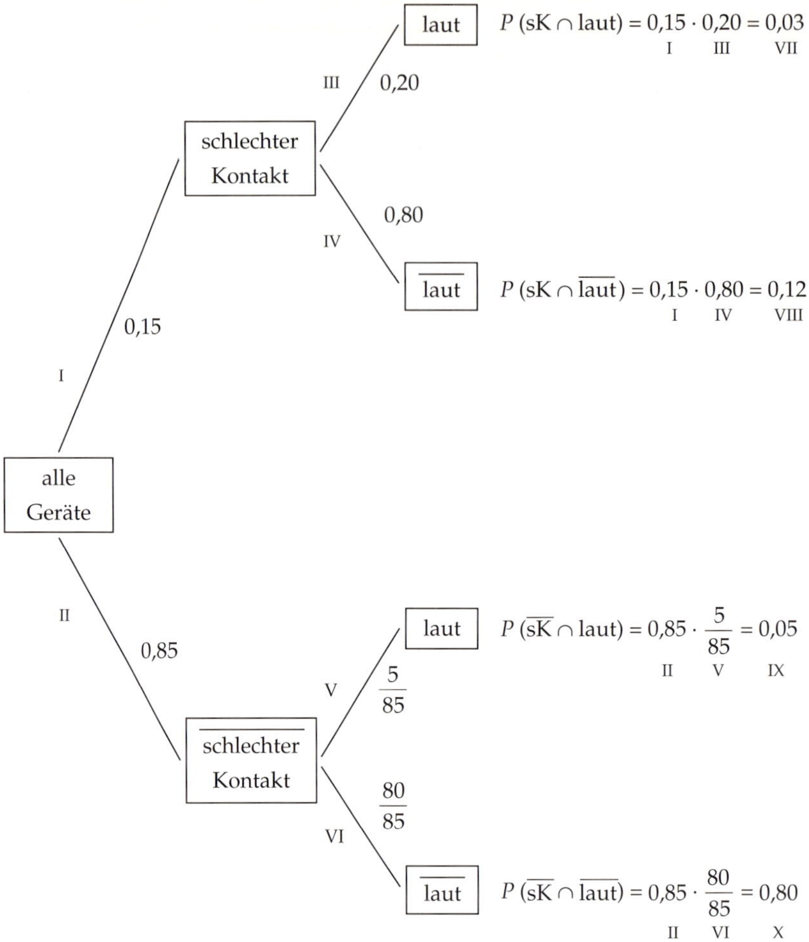

G

G1
S. 88

Lösungsweg 1: Mengendiagramm/VENN-Diagramm

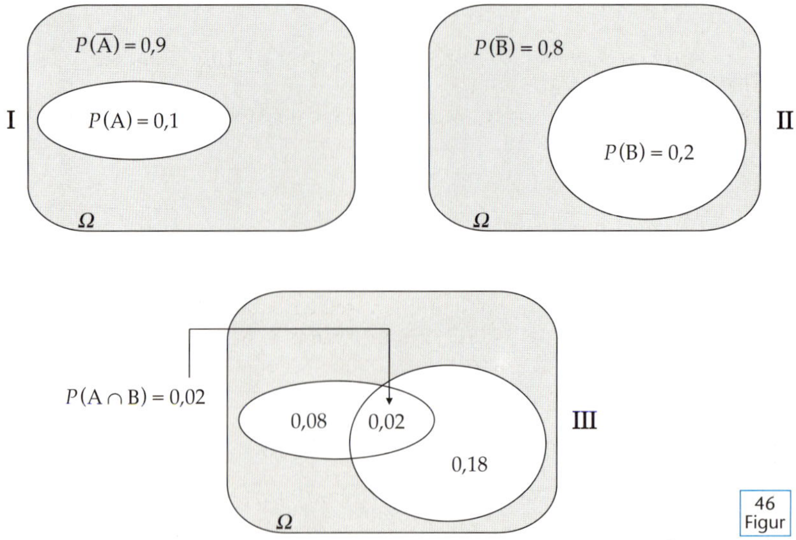

46 Figur

G 1
S. 88
Fortsetzung

Lösungsweg 2: 4-Felder-Tafel

Nur die kursiv gedruckten Wahrscheinlichkeiten sind im Aufgabentext gegeben, die übrigen Wahrscheinlichkeiten ergeben sich wieder durch „e + f = a" bzw. „a + b = 1" usw.

	A	$\bar{A}$	
B	*0,02* e	0,18 f	*0,2* a
$\bar{B}$	0,08 g	0,72 h	0,8 b
	0,1 c	0,9 d	*1*

Lösungsweg 3: Baumdiagramm

Dieser Lösungsweg ist in diesem Fall sicher der schwierigste. Falls du bei den Lösungswegen die freie Wahl hast, solltest du auf das VENN-Diagramm bzw. die 4-Felder-Tafel zurückgreifen.

Baumdiagramm

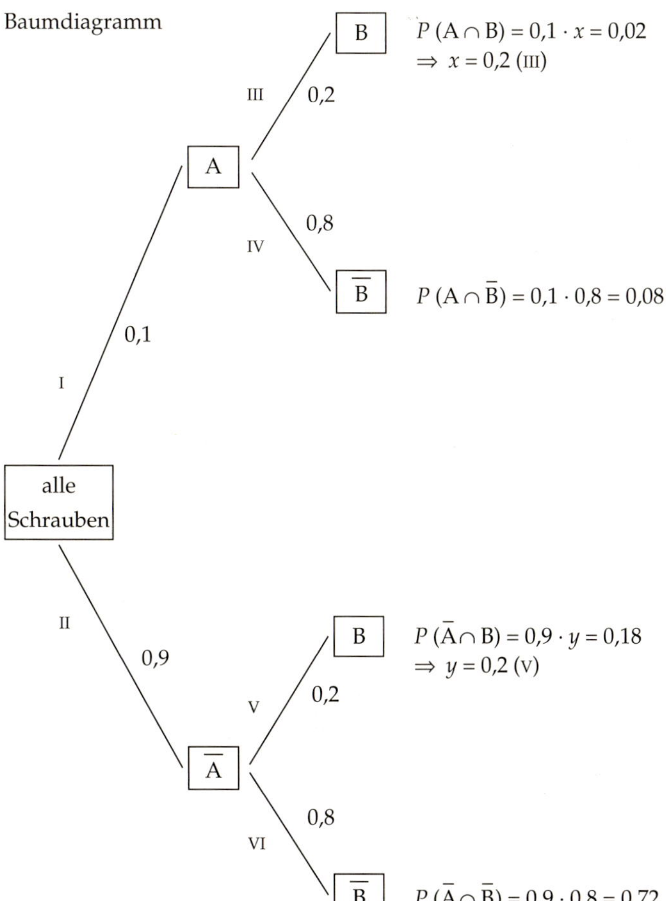

Antwort: Die Wahrscheinlichkeit dafür, dass Schraubenkopf und Schraubenmutter fehlerfrei sind, beträgt 72 %. $(P(\bar{A} \cap \bar{B}) = 0{,}9 \cdot 0{,}8 = 0{,}72)$

Lösungsweg 1: Mengendiagramm/VENN-Diagramm

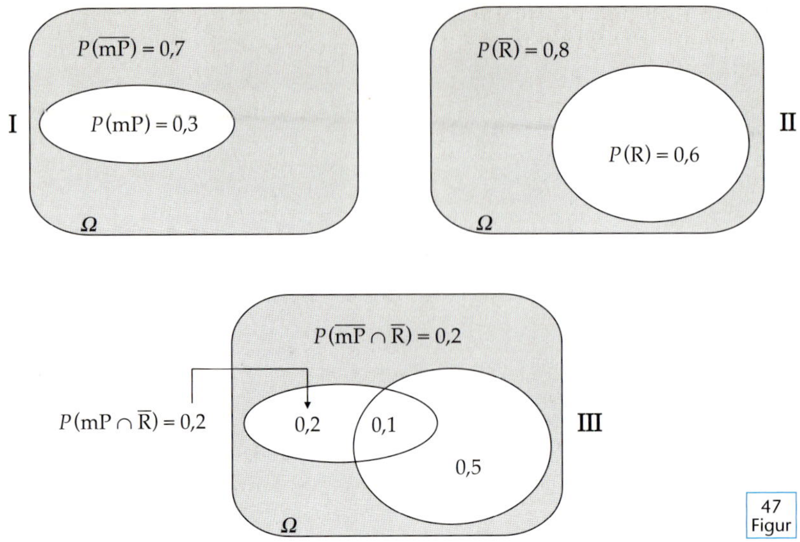

47
Figur

Antwort: 50 % der Schüler rauchen und bekommen nicht die maximale Punktzahl.

Lösungsweg 2: nächste Seite

Lösungsweg 3: Baumdiagramm

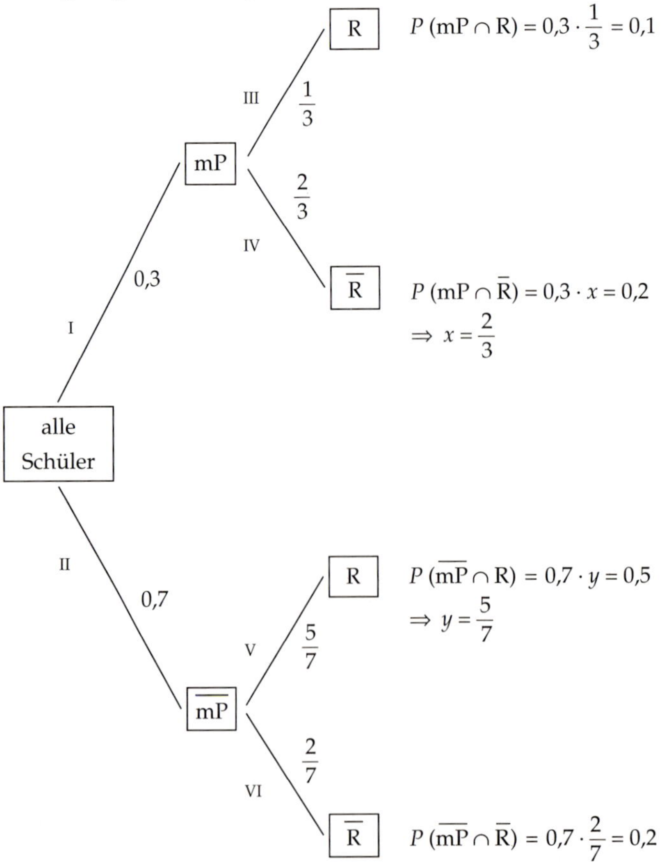

G 2
S. 88
Fortsetzung

Lösungsweg 2: 4-Felder-Tafel

	mP	$\overline{\text{mP}}$	
R	0,1	0,5	0,6
$\overline{\text{R}}$	0,2	0,2	0,4
	0,3	0,7	1

S. 89 60 % von 30 % berechnest du so: $0{,}6 \cdot 0{,}3 = 0{,}18 = 18\,\%$

Die beiden Merkmale „Raucher" und „sehr guter Läufer" sind stochastisch abhängig!

G

G 3
S. 90

$P(\text{A}) \cdot P(\text{B}) = 0{,}1 \cdot 0{,}2 = 0{,}02 = 2\,\% = P(\text{A} \cap \text{B})$
$\Rightarrow$ A und B sind stochastisch unabhängig.

G 4
S. 90

$P(\text{A}) = P(\text{sK}) = 15\,\% = 0{,}15$
$P(\text{B}) = P(\text{laut}) = 8\,\% = 0{,}08$
$\Big\}$ $P(\text{A}) \cdot P(\text{B}) = 0{,}15 \cdot 0{,}08 = 0{,}012$

$P(\text{A} \cap \text{B}) = P(\text{sK} \cap \text{laut}) = 0{,}03 \neq 0{,}012 \quad \Rightarrow$ A und B sind stochastisch abhängig.

G 5
S. 90

a) A: Albert fehlt; $P(\text{A}) = \dfrac{8}{20} = 0{,}4$ (Albert fehlte an 8 von 20 Tagen)

b) B: Franziska fehlt; $P(\text{B}) = \dfrac{6}{20} = 0{,}3$

c) $P(\text{A} \cap \text{B}) = P(\text{beide fehlen gleichzeitig}) = \dfrac{5}{20} = 0{,}25$

d) $P(\text{A}) \cdot P(\text{B}) = 0{,}4 \cdot 0{,}3 = 0{,}12 \neq 0{,}25$
$\Rightarrow$ Die Fehltage von Albert und Franziska sind stochastisch abhängig …

S. 91

1. Läuferin	2. Läuferin	3. Läuferin	4. Läuferin	5. Läuferin	6. Läuferin	7. Läuferin	8. Läuferin

$8 \cdot 7 \cdot 6 \cdot 5 \cdot 4 \cdot 3 \cdot 2 \cdot 1$

Die zweite Läuferin zieht ihre Bahnnummer aus nur noch 7 Losen.

Das Produkt der Zahlen $8 \cdot 7 \cdot 6 \cdot 5 \cdot 4 \cdot 3 \cdot 2 \cdot 1 = 40320$ …

$8! = 40320$; lies: „Acht Fakultät gleich 40320."

S. 92

1. Läufer	2. Läufer	3. Läufer	4. Läufer	5. Läufer

$8 \cdot 7 \cdot 6 \cdot 5 \cdot 4 = 6720$

S. 93 Die gesuchte Zahl muss kleiner als 7! sein, da einige Buchstaben mehrfach vorkommen.

S. 94 $|\Omega| = \dfrac{7!}{2! \cdot 3} = 420$

$3 \cdot 3 \cdot 3 \cdot 3 \cdot 3 \cdot 3 \cdot 3 \cdot 3 \cdot 3 \cdot 3 \cdot 3 = 3^{11} = 177\,147$ **S.95**

1. Ziehung	2. Ziehung	3. Ziehung	4. Ziehung	5. Ziehung	6. Ziehung
49 ·	48 ·	47 ·	46 ·	45	44
1. Ziehung aus 49 Kugeln	2. Ziehung aus 48 Kugeln	3. Ziehung aus 47 Kugeln			

$6! = 720$ **S.96**

$\binom{49}{6} = 13983816$

G

$K_{5;3\,(\text{mW/oR})} = \binom{5+3-1}{3} = \binom{7}{3} = \frac{7!}{3! \cdot 4!} = 35$ **S.98**

G 6
S.100

Lösungshinweis:
Zeichne 4 Felder nebeneinander; jedes Feld steht für einen Zahlenring. (Vergleiche Fußballtoto.)

Lösung:
Für jedes Feld gibt es 5 Belegungsmöglichkeiten $\Rightarrow$ $n = 5$
Du hast 4 Zahlenringe (Felder) nebeneinander $\Rightarrow$ $k = 4$
Reihenfolge beachten: Ja
Wiederholung einzelner Elemente (Zahlen): Ja

1. Ring	2. Ring	3. Ring	4. Ring	
5 ·	5 ·	5 ·	5	$= 5^4 = 625$

Diese Aufgabe entspricht dem Beispiel des Fußballtotos. Die Anzahl der Möglichkeiten berechnet sich deshalb nach der Formel: $V_{(\text{mW})} = n^k = 5^4 = 625$

G 7
S.100

Lösungshinweis:
7 Bürgermeister auf 7 Plätzen. (Vergleiche: 8 Läuferinnen auf 8 Bahnen)

Lösung:
Jeder der 7 Bürgermeister kann auf jedem der 7 Plätze stehen $\Rightarrow$ $k = n = 7$
Reihenfolge beachten: Ja
Wiederholung einzelner Elemente (Bürgermeister gleichzeitig auf verschiedenen Plätzen): Nein
Die Anzahl der „Familienfotos“ berechnet sich deshalb nach der Formel:
$P_{(\text{oW})} = n! = 7! = 5040$

G 8
S.100

Lösungshinweis:
Überlege, wie viele Möglichkeiten es gibt, 4 Mannschaften aus 16 Mannschaften auszuwählen. Diese Aufgabe entspricht dem Beispiel des Zahlenlottos.

Lösung:
4 Mannschaften sollen aus 16 Mannschaften ausgewählt werden
$\Rightarrow$ $k = 4$ und $n = 16$ mit $k < n$

G 8
S.100
Fortsetzung

Reihenfolge (innerhalb einer Gruppe) beachten: Nein
Wiederholung einzelner Elemente (Mannschaften): Nein

Anzahl der Zusammenstellungen: $K_{(oW)} = \binom{n}{k} = \binom{16}{4} = 1820$

G 9
S.100

Lösungshinweis:
Zeichne drei Felder nebeneinander für die ersten drei Pferde. Beachte, dass die ersten drei von den 16 gestarteten Pferden in richtiger Reihenfolge getippt werden sollen.

Lösung:

1. Platz	2. Platz	3. Platz
16 ·	15 ·	14

Getippt werden 3 von 16 Pferden $\Rightarrow$ $k = 3$ und $n = 16$ und $k < n$
Reihenfolge beachten: Ja
Wiederholung einzelner Elemente (Pferde): Nein

Die Aufgabe entspricht dem Beispiel der 5 Läufer auf 8 Bahnen; die Anzahl der Tippmöglichkeiten berechnet sich nach der Formel:

$$V_{(oW)} = \frac{n!}{(n \cdot k)!} = \frac{16!}{(16-3)!} = 16 \cdot 15 \cdot 14 = 3360$$

G 10
S.100

Lösungshinweis:
Vergleiche das Beispiel mit den BANANEN.

Lösung:
Es gibt 7 Zahlen und 7 Plätze $\Rightarrow$ $n = k = 7$
Reihenfolge beachten: Ja
Wiederholung einzelner Elemente (Zahlen) möglich: Ja, die 5 kommt zweimal, die 6 dreimal und die 7 zweimal vor.

Die Anzahl der verschiedenen Anordnungsmöglichkeiten der 7 Zahlen berechnet sich nach der Formel:

$$P_{(mW)} = \frac{n!}{n_1! \cdot n_2! \cdot n_3!} = \frac{7!}{2! \cdot 3! \cdot 2!} = 210$$

(Im Nenner steht 2!, weil es zwei 5er gibt; 3!, weil es drei 6er gibt; 2!, weil es zwei 7er gibt.)

G 11
S.100

Lösungshinweis:
Da du drei Würfel zusammen im Würfelbecher hast, diesen „ausleerst" und dann erst die Anordnung festlegst, kommt es auf die Reihenfolge, in der die Würfel aus dem Becher fallen, nicht an.
1. Lösungsweg: Wie viele Möglichkeiten gibt es, dass alle drei Würfel die gleiche Zahl zeigen, zwei die gleiche Zahl zeigen bzw. alle verschiedenen Zahlen zeigen?
2. Lösungsweg: Beachte, dass du das „Blumenstrauß-Problem" auch mit einer Formel lösen konntest.

Lösung:
Weil diese Aufgabe etwas schwieriger ist als die anderen, wird hier als 1. Lösungsweg ein Schema angedeutet, mit dessen Hilfe du die Anzahl der Würfelergebnisse ohne Formel bestimmen kannst. Diesen Weg solltest du dann gehen, wenn dir die Formel nicht einfällt.
Du kannst das Schema auf einem Beiblatt selbst vervollständigen.

1. Würfel	2. Würfel		verbleibende Möglichkeiten für den 3. Würfel		Zwischensumme
6	6	⇒	6	}	21
6	5	⇒	5		
6	4	⇒	4		
6	3	⇒	3		
6	2	⇒	2		
6	1	⇒	1		
5	5	⇒	5	}	15
5	4	⇒	4		
…	…		…		
4	4	⇒	4	}	10
…	…		…		
…	…	⇒	…	}	6
…	…	⇒	…	}	3
…	…	⇒	…	→	1

Wenn du die Summe dieser Zahlen bildest, erhältst du die Lösung 56.

2. Lösungsweg:
Anzahl der Würfel: $k = 3$; jeder Würfel hat sechs Flächen: $n = 6$
Bei dieser Aufgabe kommt es auf die Reihenfolge, in der du die Zahlen gewürfelt hast, nicht an, da du die Anordnung der Würfel hinterher noch ändern kannst.
Wiederholung einzelner Elemente (Zahlen) möglich: Ja

Die gesuchte Anzahl berechnet sich nach der Formel:

$$K_{(mW)} = \binom{n+k-1}{n} = \binom{6+3-1}{3} = \frac{8!}{3! \cdot 5!} = 56$$

G 12
S.100

a) linke Seite: $\binom{6}{2} = \frac{6!}{2! \cdot 4!} = 15$

rechte Seite: $\binom{6}{4} = \frac{6!}{4! \cdot 2!} = 15$

b) linke Seite: $\binom{n}{k} = \frac{n!}{k! \cdot (n-k)!}$

rechte Seite: $\binom{n}{n-k} = \frac{n!}{(n-k)! \cdot (n-(n-k))!} = \frac{n!}{(n-k)! \cdot k!}$

Beispiel 5
S.107
Fortsetzung

$P(5 \times \text{blau}) = B(5; 0{,}25; 5) = \binom{5}{5} \cdot 0{,}25^5 \cdot 0{,}75^0 = 0{,}0010$

Als Summe ergibt sich: 0,7627

S.108

Gegenereignis: „Bei 5-mal Drehen nullmal blau".

P(Bei 5-mal Drehen mindestens 1-mal blau) =

$= 1 - \binom{5}{0} \cdot 0{,}25^0 \cdot 0{,}75^5 =$ (Erinnere dich: $0{,}25^0 = 1$)

$= 1 - \frac{5!}{0! \cdot 5!} \cdot 1 \cdot 0{,}2373 =$ (Erinnere dich: $0! = 1$)

$= 1 - 0{,}2373 = 0{,}7627$

G

G 15
S.108

$P(A) = \binom{10}{0} \cdot 0{,}05^0 \cdot 0{,}95^{10} = 0{,}5987$

$P(B) = P$ (kein defektes Teil) + P (1 defektes Teil) =

$= \binom{20}{0} \cdot 0{,}05^0 \cdot 0{,}95^{20} + \binom{20}{1} \cdot 0{,}05^1 \cdot 0{,}95^{19} = 0{,}3585 + 0{,}3773 = 0{,}7358$

B ist wahrscheinlicher als A.

G 16
S.109

Hier gilt: p (blau) $= \frac{10}{25}$; p (schwarz) $= \frac{15}{25}$; $n = 10$

Für A gilt: Trefferzahl $k = 10$

$$P(A) = \binom{10}{10} \cdot \left(\frac{15}{25}\right)^{10} \cdot \left(\frac{10}{25}\right)^0 = \left(\frac{3}{5}\right)^{10} = 0{,}0060$$

Für B gilt: Trefferzahl $k = 4$

$$P(B) = \binom{10}{4} \cdot \left(\frac{10}{25}\right)^4 \cdot \left(\frac{15}{25}\right)^6 = 0{,}2508$$

Mit $\frac{10}{25} = 0{,}4$ und $\frac{15}{25} = 0{,}6$ lassen sich die Wahrscheinlichkeiten etwas kürzer schreiben:

$P(C) = P$(0 Kugeln blau) + P(1 Kugel blau) + P(2 Kugeln blau) =

$= P(A) + \binom{10}{1} \cdot 0{,}4^1 \cdot 0{,}6^9 + \binom{10}{2} \cdot 0{,}4^2 \cdot 0{,}6^8 = 0{,}0060 + 0{,}0403 + 0{,}1209 = 0{,}1672$

G 17
S.109

P(bestanden) = P(4 Richtige) + P(5 Richtige) =

$$= \binom{5}{4} \cdot \left(\frac{1}{3}\right)^4 \cdot \left(\frac{2}{3}\right)^1 + \binom{5}{5} \cdot \left(\frac{1}{3}\right)^5 \cdot \left(\frac{2}{3}\right)^0 =$$

$= 0{,}0412 + 0{,}0041 = 0{,}0453 = 4{,}53\,\%$

G 18
S.109

a) $P(\text{defekt}) = 0{,}04 \quad \Rightarrow \quad P(\text{ok}) = 0{,}96$

P(mehr als 3 defekt) $= 1 - P$ (höchstens 3 defekt) =

$= 1 - (P(0 \text{ defekt}) + P(1 \text{ defekt}) + P(2 \text{ defekt}) + P(3 \text{ defekt})) =$

$$= 1 - \left(\binom{50}{0} \cdot 0{,}04^0 \cdot 0{,}96^{50} + \binom{50}{1} \cdot 0{,}04^1 \cdot 0{,}96^{49} + \right.$$

$$\left. + \binom{50}{2} \cdot 0{,}04^2 \cdot 0{,}96^{48} + \binom{50}{3} \cdot 0{,}04^3 \cdot 0{,}96^{47} \right) =$$

$$= 1 - (0{,}1299 + 0{,}2706 + 0{,}2762 + 0{,}1842) =$$

$$= 1 - 0{,}8609 = 0{,}1391 = 13{,}91\,\%$$

Dieses Ergebnis bedeutet, dass der Kunde mit der Wahrscheinlichkeit von knapp 14 % vom Kauf zurücktritt, nachdem er eine Stichprobe von 50 Stück genommen und diese überprüft hat.
Dabei tritt eben mit einer Wahrscheinlichkeit von etwa 14 % der Fall ein, dass mehr als 3 dieser überprüften Stücke defekt sind, obwohl der Ausschussanteil insgesamt mit 4 % der Firmenangabe entspricht.

b) $P(\text{defekt}) = 0{,}06 \Rightarrow P(\text{ok}) = 0{,}94$

$P(\text{höchstens 3 defekt}) = P(\text{0 defekt}) + P(\text{1 defekt}) + P(\text{2 defekt}) + P(\text{3 defekt}) =$

$$= \binom{50}{0} \cdot 0{,}06^0 \cdot 0{,}94^{50} + \binom{50}{1} \cdot 0{,}06^1 \cdot 0{,}94^{49} +$$

$$+ \binom{50}{2} \cdot 0{,}06^2 \cdot 0{,}94^{48} + \binom{50}{3} \cdot 0{,}06^3 \cdot 0{,}94^{47} =$$

$$= 0{,}0453 + 0{,}1447 + 0{,}2262 + 0{,}2311 = 0{,}6473 = 64{,}73\,\%$$

Dieses Ergebnis bedeutet, dass der Kunde mit einer Wahrscheinlichkeit von 64,73 % den Kauf tätigt, nachdem er eine Stichprobe von 50 Stück genommen und diese überprüft hat.
Dabei tritt mit einer Wahrscheinlichkeit von 64,73 % der Fall ein, dass höchstens 3 dieser überprüften Stücke defekt sind, obwohl der Ausschussanteil insgesamt mit 6 % deutlich höher liegt, als die Firma angibt. Auch wenn der Ausschussanteil um 50 % über der Firmenangabe liegt, kauft der Kunde trotzdem mit einer ziemlich hohen Wahrscheinlichkeit diese schlechte Ware!

In höheren Klassen wirst du Berechnungen kennen lernen, mit deren Hilfe man den Umfang der Stichprobe bestimmen kann, um ein bestimmtes Risiko beim Kauf nicht zu überschreiten.